高职高专艺术学门类"十四五"系列教材

景观与室内手绘设计表现

JINGGUAN YU SHINEI SHOUHUI SHEJI BIAOXIAN

主　编　闫　超　李　斌
副主编　闫　杰　刘美英　邹涵辰
参　编　胡华中　李兴振　蒋国良　王伟红　沈　玲
　　　　高　鹰　郑蓉蓉　潘　静　杨晓莹

华中科技大学出版社
http://www.hustp.com
中国·武汉

内 容 简 介

手绘表现在设计行业中的地位不容小觑,即使在电脑技术不断升级与普及的背景下,它也依旧是进入设计行业必备的一项技能,也是行业高级工程师(主创设计师)必须熟练掌握的设计应用手段。本书的内容包括手绘设计工具及表现技法、室内外设计要素手绘表现、透视步骤与室内外空间效果表现、平立剖面手绘表现、景观鸟瞰图手绘表现、景观手绘设计项目案例、国外经典案例抄绘、室内外优秀手绘作品赏析等板块,由浅入深,全面而系统地讲解了景观与室内的手绘设计表现技法,为更好地方便读者使用与学习,书中相应地为一些章节配备了数字化资源,更加清晰而直观地呈现了诸如上色、笔触等技法内容,同时还加入了"手绘表现"这门课程的线上网络学习资源,真正达到了新形态下的一体化立体式教材的编写目的。值得一提的是,目前高校要求专业类教材反映行业的发展、与企业项目对接,因此编者在本书中加入了行业企业参与设计的一些手绘项目案例,帮助读者更好地认识手绘设计的重要性,以期提升其设计的深度与广度。

本书可作为大中专院校景观、园林、环艺、室内等相关专业的教学用书,也可供对景观与室内设计表现感兴趣的读者参考与学习。

教学视频　　　课程网站

图书在版编目(CIP)数据

景观与室内手绘设计表现/闫超,李斌主编.—武汉:华中科技大学出版社,2022.3
ISBN 978-7-5680-8056-9

Ⅰ.①景…　Ⅱ.①闫…　②李…　Ⅲ.①景观设计-绘画技法-教材　②室内装饰设计-绘画技法-教材　Ⅳ.①TU986.2
②TU204

中国版本图书馆 CIP 数据核字(2022)第 038556 号

景观与室内手绘设计表现　　　　　　　　　　　　　　　　　　　　　　闫超　李斌　主编
Jingguan yu Shinei Shouhui Sheji Biaoxian

策划编辑:彭中军
责任编辑:刘姝甜
封面设计:孢　子
责任监印:朱　玢
出版发行:华中科技大学出版社(中国·武汉)　　　　电话:(027)81321913
　　　　　武汉市东湖新技术开发区华工科技园　　　　邮编:430223
录　　排:武汉创易图文工作室
印　　刷:湖北新华印务有限公司
开　　本:880 mm×1230 mm　1/16
印　　张:8.5
字　　数:275 千字
版　　次:2022 年 3 月第 1 版第 1 次印刷
定　　价:59.00 元

序言1
Preface1

　　在我的印象里,相较于其他作图方式,手绘具有非常强烈的图面感染力,空间的温度、生命的气息都可以用它捕捉到,它与设计者有情感对话;从笔触、色彩、图面张力,可梳理出设计者对空间的思维活动,从这个脉络中看到设计者的专业素养与态度。

　　在从事多年的景观教育与实务生涯中,我看过许许多多的图面,手绘在每一次项目方案的探索过程中都是极具魅力和生命力的,是发人深思的,是一张图,又好像不只是一张图,创作者脑海中有意思的想法可淋漓尽致地在图面推展开来;借由观看图面,不在现场,犹在现场,仿佛与创作者、与基地展开了设计交流,那是非常有趣的一件事。

　　不仅如此,通过手绘媒介,在教育现场可以自由地展开设计对话,让思维碰撞,让问题在这里解决,让创意在这里产出与实践。手绘不只是一个表现技法工具,景观设计的要义是学会如何发现问题、解决问题。在专业学习训练过程当中,手绘表现就是能带来强大推动力和影响力的作图方式之一。

　　我们从大师巨匠的经典案例中就能发现,在他们的原始手稿中,大多是严谨的逻辑推理和细腻的细节表达。当今参数化设计软件兴起,许多基本图像可信手拈来以剪裁、拼贴,更多流行图面表现形式不断涌现。手绘表现技法需要长时间的积累,无法复制贴上,但当我们在教学、与业主等对话的第一现场,有一支笔、一张纸,方案即可跃然纸上。对我来说,手绘时,在不断推敲过程中,我们对现场—空间—人的理解会更加深入与细致,方案也会更加成熟。学生迈入职场,如果能在一定的场合下,相对快速地手绘出一个形式感不错的草图设计方案,那么相信他会更容易获得专业认可,这也是电脑软件所无法比拟的特殊优质能力。

　　认识闫超多年,当时她是硕士交换生,一次我在系上老师办公室看到一幅手绘作品,惊艳不已,后来又陆续看到她的作品,可以肯定她拥有很强的手绘表现和文字表达能力。她师承闫杰老师,这本书是他们二人参与合作编写的教材。从书中手绘原稿图都可以看出作者的创作思想和艺术审美及设计专业的表现。对于初学手绘的学生和爱好手绘这门技法的人来说,这些是极好的学习范本。虽然数位设计应用在景观、建筑等各个领域都十分专精活络,但我还是非常希望每一位学习设计的学生都能掌握优秀的手绘表达能力。如果你想在设计中看到更多的可能与想象,那么《景观与室内手绘设计表现》是很值得你参考学习的。

东海大学景观学系教授兼主任

李麗雪

2022 年 2 月

This is a preface in favor of Yan Chao's writing achievements, a dedicated master degree student from Suzhou University who I first met in Suzhou, China in the IDEA-KING Awards 2015 in my capacity as Vice President of the International Landscape Design Industry Association (ILIA) and member of the jury of the awards given that year. That year I handled Yan Chao an award for a distinguished project she participated in, furthermore, she was very kind to help me during the entire event we organized with ILIA. After I met her, she kept in contact with me, asking for advice and interested on discussing design topics, which is not common in China. Her interest in design is very clear and her skills to develop drawings are outstanding. It helps her very much the more than 3 years of experience she has had in the professional field.

Almost 6 years have passed in the blink of an eye. Since she entered the education industry after graduation, she proved her love for design with actions. Remembering that we have been kept in touch via WeChat, she shares with me her hand-painted design, and she also sends me the manuscripts drawn by her and asks for suggestions. This is extremely impressive for me. I think the graduate study career has made her more aware of the meaning of design. Sometimes looking at the manuscripts she sent me, I find them difficult. Now that computers are popular today, I can still maintain my love for hand-painted design. It is worth applauding for her. It is very important for people who are engaged in landscape design to develop the good habit of hand-painted design. We say that hand-painting has a strong driving force for solving design problems. At the same time, it is easier to win the trust of the other party by conveying the design concept to the first party by hand-painting.

Recently she has shared her experience in teaching for several years, and organized the hand-painted performance into a book according to the difficulties of students' learning. Although she worked with many teachers and corporate staff to complete it, I'm still happy to support it. The book is about to be published, therefore, I was invited to write a preface for her. She deserves an opportunity because I believe her thinking is very good. If this book can be published, more people who love hand-painting will benefit a lot. Furthermore, it is also a kind of experience output and public sharing.

Yan Chao is also a disciplined person, polite to her classmates, colleagues and teachers. She has a kind character and strong commitment towards the assignments given to her as I have witnessed in the organization of the ILIA IDEA-KING Awards in Suzhou.

Therefore, I am happy to give my full support for Yan Chao's publication of this hand-drawing textbook. I believe that Yan Chao is serious and meticulous about her profession. As I witnessed at the ILIA ceremony in Suzhou, she has a kind personality and a firm commitment to the tasks assigned to her.

I also believe that the publication of this book can help more people who love hand-painting and design like her.

Yours Sincerely，
Alex Camprubi
Design Director of PuBang Design Institute & Vice President of
International Landscape Design Industry Association
Guangzhou，August 28，2021

目录
Contents

第一章　手绘设计表现概述 　　　　　　　　　　　　　 / 1

　第一节　了解手绘 　　　　　　　　　　　　　　　 / 2
　第二节　认识设计 　　　　　　　　　　　　　　　 / 3

第二章　手绘设计工具及表现技法 　　　　　　　　　　 / 5

　第一节　工具 　　　　　　　　　　　　　　　　　 / 6
　第二节　表现技法 　　　　　　　　　　　　　　　 / 9

第三章　室内外设计要素手绘表现 　　　　　　　　　　 / 25

　第一节　室内外单体元素表现 　　　　　　　　　　 / 26
　第二节　室内外组合元素表现 　　　　　　　　　　 / 38
　第三节　室内外不同材质表现 　　　　　　　　　　 / 45

第四章　透视步骤与室内外空间效果表现 　　　　　　　 / 53

　第一节　一点透视 　　　　　　　　　　　　　　　 / 54
　第二节　二点透视 　　　　　　　　　　　　　　　 / 57
　第三节　三点透视 　　　　　　　　　　　　　　　 / 61

第五章　景观与室内平立剖面手绘表现 　　　　　　　　 / 66

　第一节　室内平立面表现 　　　　　　　　　　　　 / 67
　第二节　景观平立剖面表现 　　　　　　　　　　　 / 70

第六章　景观鸟瞰图手绘表现 　　　　　　　　　　　　 / 84

第七章　项目设计的手绘表现 　　　　　　　　　　　　 / 91

　第一节　庭院住宅景观设计——阳姐别墅花园 　　　 / 92
　第二节　异域文化公园景观设计——缅甸苑 　　　　 / 93
　第三节　文旅景观规划设计——富川神剑石林景区 　 / 94
　第四节　民俗文化旅游景观规划设计——桂林侗情水庄景区 / 97

第八章　国外经典案例抄绘分析　　/ 99

　　第一节　居住绿地——圣保罗入口庭院　　/ 100

　　第二节　城市广场——国外某城市商业广场　　/ 101

　　第三节　校园绿地——悉尼科技大学公共绿地　　/ 103

第九章　室内外优秀手绘作品赏析　　/ 105

　　第一节　室内篇　　/ 106

　　第二节　室外篇　　/ 110

　　第三节　写生篇　　/ 118

参考文献　　/ 125

后记　　/ 127

Jingguan yu Shinei Shouhui Sheji Biaoxian

第一章
手绘设计表现概述

第一节

了 解 手 绘

　　"手绘"一词的英文翻译,一为"hand-painting",二为"sketch",前者是表层释义,即徒手绘画,后者则强调手绘的深层含义,即草图与构思的过程,并不只是以单纯描绘物象与空间为目的,它带有更多的思想认知成分。因此,"手绘"准确的翻译应为"sketch"。手绘是设计师用来探索设计概念与事物对象之间关系最直接的表达方式,是建立在观察与思考之上的一种媒介与手段,好的手绘并不一味强调风格、技法,甚至是艺术形式,更多的是注重对空间的推敲与诠释。一个好的设计师通常会通过大量的手绘写生来记录观察到的景观事物的特质以及它们所带来的直观感受。熟练掌握手绘的表现技巧不仅能锻炼设计师的空间感,而且能帮助设计从业者在设计表达时表现强大的推动力和影响力。

　　我们常常将有关手绘表现技法的图书当作画册来看,而忽视了对手绘本身的认识与理解。时间一久,绝大多数人会认为线条凌乱、透视不清是不好的手绘作品,逐渐形成了只关注如何画得漂亮、精细与美观的一种常态思维意识。我们对手绘最直白的理解就是徒手表现(绘画),那么,表现什么?画什么?这就需要我们正确了解手绘。

　　手绘表现的是设计师对设计项目的思考、呈现、否定、再思考、再重现的认识过程,这个过程不仅是使想法得到确立的过程,也是提高设计师自身能力的过程。我们有时候会为拿到一个项目或者一个命题该如何做得更新颖、更富有创意而烦恼,手绘在此发挥了至关重要的作用。你的项目创作可能源自一个故事,也可能源自一段回忆,甚至是一闪而过的突发奇想,这些所谓的灵感源泉就是你设计的灵魂,如何将其融入设计项目并展现,向别人传达你的理念或想法?手绘表现无疑是较直接、较容易理解的方式之一。(见图1-1)

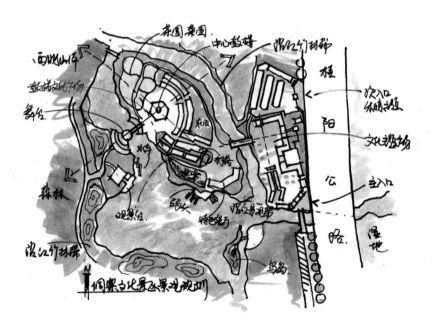

图1-1　侗寨文化景区概念手绘草图(沃尔特斯环境艺术设计有限公司)

对于初学者来说,手绘表现的学习需经历五个阶段:一画线条与笔触;二画空间与效果;三画场所与氛围;四画观察与认识;五画灵感与创意。大多数手绘爱好者以及从业设计师对手绘表现的理解仍然停留在第三阶段和第四阶段。对于初学者来说,通过书籍与培训的方式,已能临画出较好的空间场景效果图。第四与第五阶段的训练,则更需对所见事物表象之下进行不断思考,只有这样认识得越多,才越能激发和形成设计师对项目的灵感,用观察与思考服务于设计项目。所以,我们会发现,对景观或室内了解越多的设计师,他用手绘表现出来的草图就会越简单,表现就会越容易。

第二节
认 识 设 计

人们所认知的设计,不外乎要在构想下进行,这些构想来自瞬息万变的感性世界,人们通过身体的感受,利用颜色、想象力创造出新事物。所以,设计也可以理解为一种创造性的行为,但设计不是无中生有的事情,比如无论我们如何地标榜某一物品的独创性,实则它都是用现有的材料加上新的设计手法或者进行重新解读酝酿出的创作,而这种创作本身就是一种感性行为。我们在解读设计的过程中,并不能完全靠感性、天性抑或冲动,而更多则是在自身获得的知识的探索与思考下进行的,就如每一位设计大师都有自己对设计的自我解读,我们称之为"设计思想",如密斯·凡·德·罗的"less is more",贝聿铭的"让光线来做设计",等等。

日本设计师佐佐木先生曾说,设计是使人与环境妥协之事。这里的"妥协"更多指的是吻合、合适。也就是说,若想仅靠自己的创造进行设计,一定是行不通的。所以,设计师要去寻找与发现,可能是空间,可能是其他什么地方,以某种东西存在为前提开始观察与思考,就会看到有所缺失,就会看到刚好合适的东西,接着人们就会不断地想"我到底可以创造、酝酿出什么,什么才是最好的"。最后,你发现你设计的东西成为刚好吻合的,就像终于找到缺失的那块拼图一样。设计师在接到项目时会得到来自客户(甲方)的各种可能的任务提示,由此脑中会浮现出各种各样的点子,也就是说,设计师会发现"拼图"的"缺口"有很多,这源于项目的多样化资讯,如客户的希望、商品的附加状况等。但真正找到最吻合的"缺口",看到其"轮廓界限",还需要观察项目与周边环境的强弱关系。设计的最终目的是要找到与环境相容的解决办法,对于环境艺术设计或景观建筑设计来说尤为如此。伊恩·麦克哈格在《设计结合自然》中谈到,所谓健康的环境,是指那里的环境都是适合的,适合就是一种创造。能发现适合特定环境的"拼图缺口",并通过知识的积累与运用,创造出一个全新的、人与环境相适合的计划方案,就是成功的设计。

不论是设计室内还是室外景观,一般来说,都包括设计前期、设计中期和设计后期三个阶段。我们也可以理解为设计是一种"发现—寻找—解决"的过程。前期阶段主要指的是前期的项目接洽,包括业务接单和项目讨论会,分析思考项目的信息,并商讨可行性实践方案。中期阶段则是指项目的概念方案设计执行和深入扩初设计,尽可能多地获取甲方资讯,并结合现场勘探,获取最真实有效的资源,从而制订设计的框架,找到最适合场地环境的"最佳缺口",同时还需进行细部的深入推敲,使"缺口的轮廓界限"更清晰。值得一提的是,在这一设计流程中,手绘对于方案的沟通、确立与推进,起到了至关重要的作用。因此,熟练掌握手绘设计的表现技法对设计初学者和从业者来说,都具有重要意义。设计后期阶段则是指项目的施工过程,需进行监督、指导与跟进,使项目顺利完成验收交付。(见图 1-2)

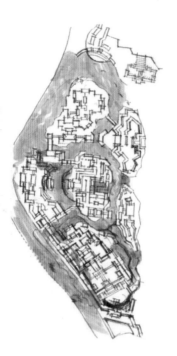

图 1-2　盛世项目手绘概念构思

Jingguan yu Shinei Shouhui Sheji Biaoxian

第二章
手绘设计工具及表现技法

第一节

工 具

　　在手绘设计表现中，徒手表达与电脑制图最大的不同就是，前者更强调设计者的思维过程表达，它是无束缚的，并非简单机械绘制。古人云："工欲善其事，必先利其器。"对于手绘学习者或设计师来说，手绘工具是否运用得当关系着其手绘作品的好坏。但这并不是说可以完全将作品优劣归因于器具，作品优劣也与作画者的功底息息相关。工具虽无好坏之分，但选择一套适合的工具是我们学习手绘表现技法的第一步。每一种工具都有其特定的作用和性能。通常情况下，工具可分为以下几大类。

一、笔类

　　这里的"笔"指的是狭义上的手绘笔，包括线稿绘制用笔和色稿上色用笔两大类。

（一）线稿绘制用笔

线稿绘制用笔包括铅笔、中性笔、走珠笔、针管笔（纤维笔）、双头笔、钢笔等，如图 2-1 所示。

图 2-1　线稿绘制用笔

　　常用勾线笔选择规格为 0.2 mm 至 0.4 mm 的水芯笔、针管笔，在手绘表现中一般是白纸黑线，且线条均匀，不能太粗或太细。针管笔，也叫纤维笔，有金属针管笔和一次性针管笔两种，一般手绘表达，尤其是平面图绘制时，多用一次性针管笔，且多用 0.1 mm、0.3 mm、0.5 mm、0.7 mm 的规格。用一次性针管笔绘制的线条流畅细腻，细致耐看。在手绘草图构思和手绘写生中，也会选择使用钢笔，笔尖的选择以 M（中号）和 F（细号）为主，但建议初学群体尽量少用钢笔，因为钢笔出水不好控制，且容易弄脏画面。

（二）色稿上色用笔

色稿上色用笔包括彩色铅笔、马克笔等。

　　彩色铅笔（彩铅）包括水性（水溶性）和蜡性两种。常用水溶性彩色铅笔，笔触细腻，容易着色，结合水可以制作成水彩效果。上色时,彩色铅笔通常情况下与马克笔相结合,多数情况下用来刻画细节、表现质感或进行过渡补充。手绘学习者可选择辉柏嘉水溶性48色彩色铅笔。

马克笔包括油性、酒精性和水性三种。油性马克笔以甲苯、二甲苯作为溶剂,有刺鼻的气味,对人体有微毒,价格也比较贵,但这种马克笔是三种马克笔中性能最稳定的,色彩柔和,笔触生动自然,表现效果最佳。酒精性马克笔的特点是色彩柔和,笔触优雅自然,加之笔的淡化处理,效果很好;缺点是难以驾驭,需有一定的绘画基本功并坚持多练、多磨合。水性马克笔比油性马克笔的色彩饱和度要差,不够透明,过渡不够自然,笔触没变化,目前在设计行业中用得比较少。马克笔快速表现是一种清透且快速、有效的设计表现手段。说它清透,是因为它在使用时快干,颜色纯正柔和而不腻。马克笔绘制的效果图块面感强,醒目且概括,所以力度感强和潇洒是马克笔效果图的魅力所在,在学习使用马克笔表现时需要有很强的灵活性和自信心,才能呈现更准确多变的笔触效果。

彩色铅笔和马克笔如图2-2所示。

图 2-2　彩色铅笔和马克笔

二、纸张类

手绘常用纸张包括复印纸、速写纸、绘图纸、草图纸、硫酸纸、水彩纸等。画透视图经常选择复印纸,要求纸质白皙、紧密、吸水性好,但是这种纸不能承担多次运笔。复印纸效果表现如图2-3所示。速写纸相比复印纸质地较粗,用中性笔和走珠笔在这种纸张上绘图不容易打滑,很好地保证了线条的准确性。绘图纸相比复印纸质地更厚,渗透性更大,可多次运笔,纸张不容易损伤。草图纸透明性好,价格低,主要用在概念草图设计阶段,可以不断地覆盖进行方案推敲,形成一草、二草、三草等。表现多张草图方案一般都是在这种纸上完成的。硫酸纸最常用在画景观平立剖面图场合和扩初设计中,具有纸质纯净、强度高、透明性好、不变形、耐晒、耐高温、抗老化等特点。硫酸纸上色效果表现如图2-4所示。水彩纸渗透程度大,吸色性好,色彩饱和度较高。

图 2-3　复印纸效果表现(闫杰　闫超　绘)

图 2-4　硫酸纸上色效果表现(闫超　闫杰　绘)

三、尺规类

　　手绘表达常用尺规类工具包括平行尺、圆形模板尺、曲线板(弧形尺)、蛇形尺、比例尺等,如图 2-5 所示。平行尺具有滚动轴,运用平行的原理能快速准确地绘制出平行线段,大大提高速度和准确度;也可以作为初学者检测空间线条准确性的手段与工具。圆形模板尺主要用在平面图手绘设计中,能准确地控制植物冠幅的比例与尺寸,大大提高植物配置的速度和精度。曲线板也称云形尺,内外均为曲线边缘,用来绘制平面图中曲率半径不同的非圆自由曲线。蛇形尺是一种在软橡胶中间加进柔性金属芯条制成的软体尺,双面尺身可根据需要弯曲成任何形状,并能固定住,在手绘方案设计中常用来画不规则的光滑曲线。在设计中,还会根据图纸的合理需要,利用各种比例尺,节省比例换算的时间。

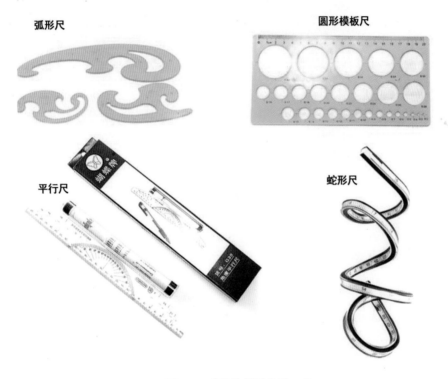

图 2-5　手绘常用尺规类工具

第二节
表 现 技 法

一、线稿表现

(一)线条画法

　　线条是绘画的基本元素。线条的好与坏,也就是是否具有美感,关键体现在作画者对行笔的节奏控制上，如速度的快与慢、力度的轻与重，都可以用来表现物体的虚实与结构变化。线条本身无刚柔之分，作画者却往往可以通过日积月累的"功力"，随意表现出流畅飘逸、柔滑刚劲的线条。老练者与生疏者对线条的把控力不同，进而会影响到一幅手绘设计作品的好与坏。

每一幅手绘线稿作品都是由线条相互组合而成的，线条是线稿最基本、最重要的元素之一。一般来说，按照线条所属类型的不同，可将其分为水平线、垂直线、倾斜线、曲线、折线等；按照线条表现方式的不同，则可将其分为快线与慢线。

线条本身是非常有生命力和表现力的，要将线条画得富有灵性，那在画线条时就要反复拿捏握笔的手势与状态，只有以最舒适轻松的"感觉"作画，线条才会随笔而行，在从起笔到运笔再到收笔的过程中，有如书法一般，要准确控制住线条的方向，并结合物体本身的构造形式，灵活运用快线、慢线或快慢线，画出线条的粗细、长短、刚柔等不同变化。但不要刻意或过多关注何时应快、何时应慢，因为线条是无固定形式的，我们需要靠平日大量练习去掌握线条之间的关系而非线条本身。很多人说画线的快慢体现着画者当下的心境，就像狂草，书写者往往是充满激情的，处在一种亢奋的状态下。但书法与作画终不同，前者为符号语言，后者为图形语言，所以用线的快慢并不能构成一种手绘作画的风格，初学手绘者若盲目模仿，求快求速，既表现不出快线的潇洒与张力，也表现不出慢线的弹性与质感。

另外，需要注意的是，画曲线在把握方向准确的同时，在运笔上也要画出自然、流畅与虚实感，通常是起笔与收笔稍重，运笔过程稍轻且连贯。画倾斜线（包括投影排线）要注意方向的把握和收笔的准确及时，在暗部调子的画线上要适当留白，忌讳画太满。折线和曲线的结合可以画出富有弹性的材质，如室内外绿植、山石等。但不论画哪种线条，都要避免反复描画与叠加。

不同线条练习如图 2-6 所示。

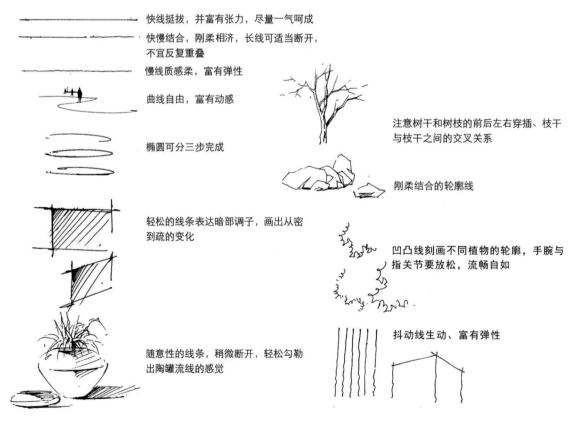

快线挺拔，并富有张力，尽量一气呵成

快慢结合，刚柔相济，长线可适当断开，不宜反复重叠

慢线质感柔，富有弹性

曲线自由，富有动感

椭圆可分三步完成

注意树干和树枝的前后左右穿插、枝干与枝干之间的交叉关系

刚柔结合的轮廓线

轻松的线条表达暗部调子，画出从密到疏的变化

凹凸线刻画不同植物的轮廓，手腕与指关节要放松，流畅自如

随意性的线条，稍微断开，轻松勾勒出陶罐流线的感觉

抖动线生动、富有弹性

图 2-6　不同线条练习（闫超　绘）

（二）几何体画法

几何体是表现物体最概括的一种方式，因为任何物体都可概括地理解为一个几何体或多个几何体，无论是单体还是空间表现，都可以让手绘学习者更好地理解物体的结构与比例，在单线练习的基础上，准确画出所要表现的对象。画几何体是画单体前必须练习的内容，我们主要通过几何体的组合，掌握几何体彼此间的比例关系、透视关系、明暗关系、线条的穿插关系等。

几何体画法练习如图 2-7 所示。

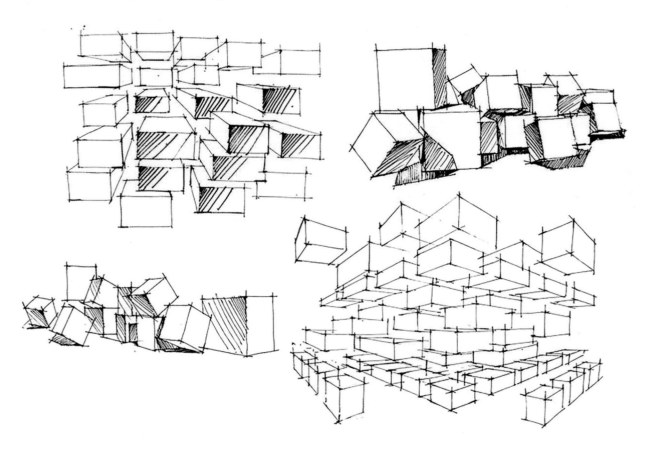

图 2-7　几何体画法练习（闫超　绘）

（三）线稿画法

画好线稿是画好一幅手绘作品最基础也是最为重要的技法。线稿是手绘的骨架，好比人的骨骼，属于结构，马克笔、彩铅上色就如同添加衣服，衣服可以换，而结构比例不能随便改变。

一幅优秀的线稿作品，应同时满足画面构图合理、透视正确、比例准确、刻画生动、内容饱满等多方面的要求。（见图 2-8）

手绘线稿表现中，最容易出现的问题就是画面构图不合理，偏左或偏右、偏上或偏下，多数情况下，还会有画面不饱满、重心不突出、疏密不合理等情况。这就需要我们了解所要表现的空间中各个要素之间的关系，并通过手绘将这些关系转换成有表现力的图形组合，比如线条、图案、造型和空间等。所以，下笔前要对空间感有准确的把握，即确定要用这些要素构成一个什么样的环境。应先从总体着手，再深入局部，做到结构均衡完整、层次分明、疏密有致、重心突出。（见图 2-9 至图 2-12）

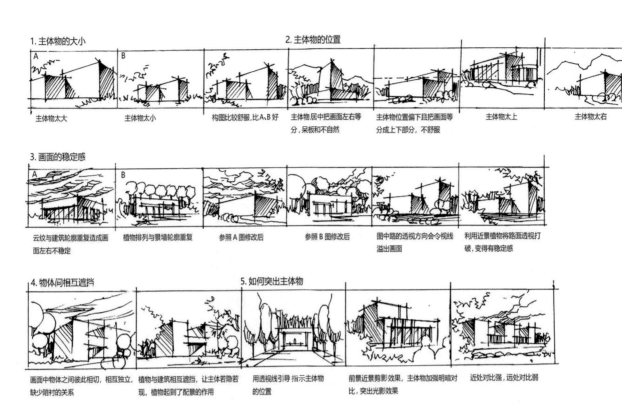

1. 主体物的大小

A	B
主体物太大	主体物太小

构图比较舒服，比A、B好

2. 主体物的位置

主体物居中把画面左右等分，呆板和不自然

主体物位置偏下且把画面等分成上下部分，不舒服

主体物太上

主体物太右

3. 画面的稳定感

A　云纹与建筑轮廓重复造成画面左右不稳定

B　植物排列与景墙轮廓重复

参照A图修改后

参照B图修改后

图中路的透视方向会令视线溢出画面

利用近景植物将路面透视打破，变得有稳定感

4. 物体间相互遮挡

画面中物体之间彼此相切，相互独立缺少陪衬的关系

植物与建筑相互遮挡，让主体若隐若现，植物起到了配景的作用

5. 如何突出主体物

用透视线引导指示主体物的位置

前景近景剪影效果，主体物加强明暗对比，突出光影效果

近处对比强，远处对比弱

图 2-8　景观空间构图技巧（闫超　绘）

图 2-9　景墙景观线稿表现（闫杰　绘）

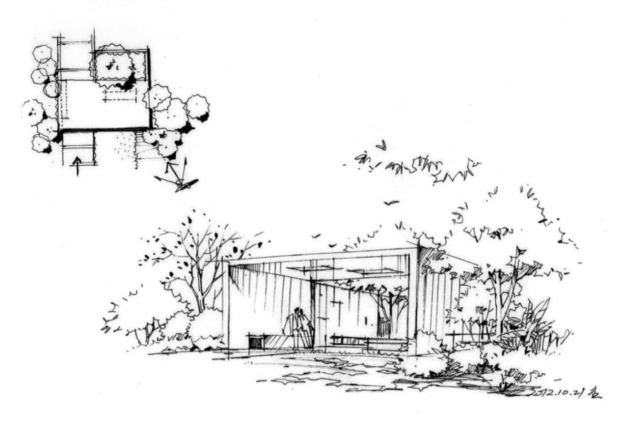

图 2-10　居住区凉亭景观线稿表现（闫杰　绘）

图 2-11　客厅空间线稿表现（闫杰　绘）

图 2-12　会议室办公空间线稿表现（闫杰　绘）

二、马克笔表现

马克笔是目前设计师做方案设计时较为理想的表现工具之一，也是设计行业广泛使用的表现工具，比如进行景观、建筑、规划、室内、工业、服装设计等。利用它能快速且简便地表达出设计师设想的效果。马克笔作为上色工具，是附着于线条之上的，所以必须保证线稿构图、透视、比例准确，这样才能保证马克笔手绘的顺利进行。用马克笔上色时要放得开、大胆画，否则画面会过于小气，没有张力。但这也会造成部分初学者在表现马克笔技法时，故意且肆意地以强调马克笔的笔触来体现专业感。事实上，初学者在正确掌握马克笔笔触的同时，不应局限于所谓的风格、禁锢于使用的工具，而应在尊重色彩感觉的基础上，通过不断练习，形成属于自己的行笔方式。

手绘学习者在马克笔技法表现上，容易出现以下问题：

①脱离线稿，自由发挥；

②纯粹描画，无笔触感；

③忽视物体本身特点；

④对空间色彩无从下手。

其实，对颜色进行训练，最好是表现实际的颜色，适当地夸张冷暖关系，强调光源色、环境色，突出主题，烘托气氛，使画面有冲击力。但建议初学者不要用纯度过高的色彩。在利用马克笔表现时，通过借助其色彩透明的特点，可在笔触间利用叠加（但要注意轻重）产生丰富的色彩变化，但不宜重复过多，否则画面会显得脏而灰，失去"呼吸感"。（见图 2-13）

图 2-13　金属车体的融色表现

马克笔表现着色顺序一般为:先浅色打底,后深色压重,从灰面到亮面再到暗面,一层一层叠加。运笔上要讲究:有重有轻(虚实变化),笔触自由(轻松随意),自然留白(避免太满)。尽量突出画面中的点、线、面,切忌用笔太琐碎零乱。特别需要注意的两点是:①若马克笔的颜色无法满足作画上色要求或者局部颜色无法用马克笔控制,可以利用彩色铅笔进行补充与完善;②颜色与笔触间的跳跃性过大时,可以利用彩色铅笔进行过渡与修饰。总之,两者结合可以更好地增强画面的整体、细部与立体效果。对于初学者来讲,马克笔上色相对比较难掌握,需要由浅入深、大量练习,同绘制线稿一样,只有控制好马克笔的速度、走向,才能做到笔在手中,画在心中,心手相应。

马克笔上色常用纸张为马克笔专用纸、复印纸和硫酸纸,少数情况下也用较白、厚实、光滑的铜版纸。

(一)马克笔上色笔法训练

在上色时,可充分结合马克笔笔尖的特点灵活画出多种不同的笔触,如连排式转笔变化、多角度式宽窄变化、常规叠加式变化、螺旋式变化等。每种笔触都有其独特性。如连排笔触飘逸自然,可表现天空;旋转笔触柔和,可表现白云;多角度笔触多变,可表现植物;常规叠加笔触匀称整齐,可表现家具。需注意的是,初学者要拿捏好握笔的角度,控制好下笔的力度,把握好运笔的方向,这样才能画出有虚实、层次、点面线变化的丰富笔触。但由于马克笔本身快干,所以在行笔过程中要做到边修边画、及时调整、一气呵成,使笔触的块面能融于一体。(见图 2-14)

马克笔连排转笔

马克笔多角度宽窄表现

马克笔叠加变化

马克笔旋转笔触

马克笔侧峰倾斜扫笔

图 2-14　马克笔上色笔法训练(闫超　绘)

(二)体块上色表现训练

在马克笔手绘表现中,尤其对于建筑室内空间,经常会遇到整个体块需大面积上色的情况,而单一的马克笔线条已经不能满足技法表现的要求,这就需要进行均匀排笔或连续性排笔。当物体(建筑)体块面积较大时,可采用同色系重复叠加来产生渐变融合的效果;而对于多色系的叠笔,应以一种色彩为主体,另外的色彩为衬托,表现物体的亮面、灰面和暗面。(见图 2-15 至图 2-17)

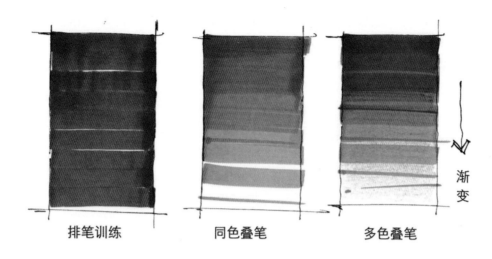

渐变

排笔训练　　　同色叠笔　　　多色叠笔

图 2-15　马克笔排笔、叠笔训练(闫超　绘)

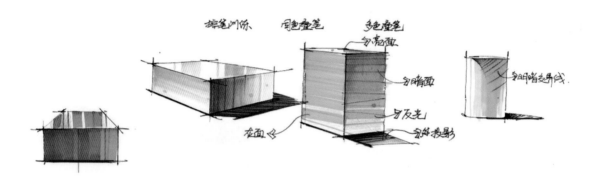

图 2-16　几何体块排笔、叠笔训练(闫杰　绘)

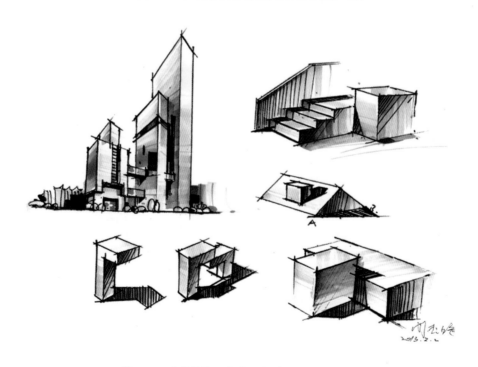

图 2-17　建筑体块上色表现训练(闫杰　闫超　绘)

马克笔体块练习要点：注意亮面的留白处理；受光面从上到下逐渐加深渐变；背光面从上到下逐渐减弱渐变；运笔肯定，限于结构线之内；颜色过渡柔和，切勿反复涂抹。

（三）整体空间表现训练

在整体空间的马克笔表现中，需先确定环境空间的基本色调，在基本色调中强调相融的不同色彩关系。塑造大的空间时需注意前后层次，应进行适当留白和光影变化的处理。（见图 2-18 至图 2-21）

图 2-18　商业建筑线稿马克笔表现（闫杰　绘）

图 2-19　城市街区空间马克笔上色表现（闫超　绘）

图 2-20　家居客厅空间马克笔上色表现(闫杰　闫超　绘)

图 2-21　景墙亲水平台小场景马克笔上色表现(闫超　绘)

三、彩铅表现

水溶性彩色铅笔是一种最为常用的上色工具,它的色彩丰富,过渡自然,能很好地体现出物体材料的质感和光源,加以水溶可以画出水彩般晕染的效果,能与马克笔很好地融合。彩色铅笔的色彩表现对比较弱,层次不够,着色时间较长,若单独运用彩铅着色不太适合设计手绘的快速表现,但对于项目设计师来说,在场地考察、记录信息、草图设计等方面,运用彩铅更加快速、轻便。

对于初学者来讲,运用彩铅上色是一种较为稳妥的表现手段。它相对比较容易掌握,需要表现者对水溶性彩色铅笔的笔触排列与叠加有所了解,能很好地塑造形体与表现明暗关系。学习水溶性彩色铅笔表现,大致分为以下几点:

(1)水溶性彩色铅笔上色笔法训练,如图 2-22 所示。

(2)水溶性彩铅整体空间表现训练。(见图 2-23 至图 2-25)

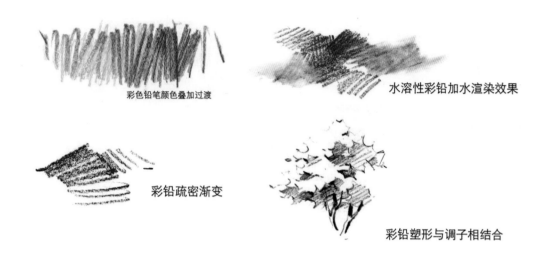

图 2-22 水溶性彩色铅笔上色笔法训练(闫超 绘)

图 2-23 特色庭院水景观表现(闫杰 绘)

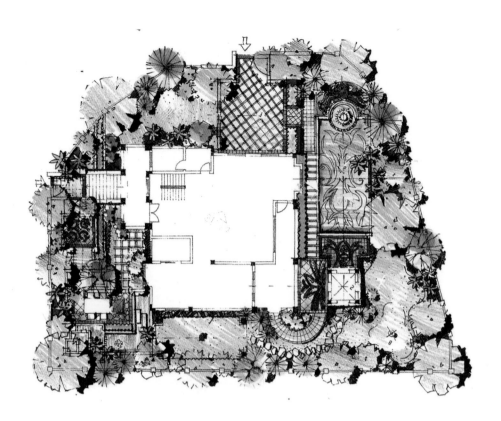

图 2-24　别墅庭院平面图表现(闫超　绘)

图 2-25　城市公园特色景观表现(闫杰　胡华中　绘)

四、综合材料表现

　　综合材料表现是手绘设计表现中采用最多的一种技法,一般是指以马克笔上色为主导,来表现画面大的空间关系、素描关系和色彩关系,结合彩色铅笔来添加细部色彩、过渡画面并调整整体环境气氛,例如在室内空间表现中常用彩铅来刻画局部材质的纹路肌理,利用涂改液画出高光部位(灯光),进而加强形体结构、材料质感和光感。有些时候我们甚至可以借助日常用品(牙膏、牙刷)进行画面处理,比如建筑飘雪冬景的处理。(见图 2-26 至图 2-28)

图 2-26　居住空间综合材料上色表现(闫杰　绘)

图 2-27　餐饮空间综合材料上色表现(闫杰　绘)

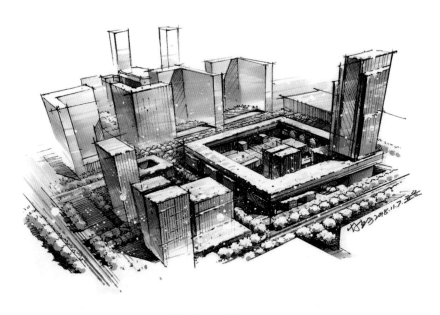

图 2-28　建筑景观综合材料上色表现（闫杰　绘）

五、手绘电脑表现

　　作为设计专业的学生或手绘爱好者，应掌握如何使用各种媒介，将多样的绘图技术和方法用于自己的作品中，从而表现出场景的独特之处。你只要清楚地知道自己想要表达的东西，就可以随意灵活地使用不同的媒介去丰富画面的肌理和色调。比如我们常用手绘线稿图加电脑的 PS 软件快速涂色，将两者的特点兼顾与融合，使线条生动且色调柔和，更能烘托画面的氛围。这种表现技法较适用于场景空间尺度较大、强调突出真实效果的项目设计方案中。在电脑设计逐步替代手绘的今天，优秀的手绘多元表现仍能够在一定程度上更为生动地展现项目的设计优势与特色。（见图 2-29 至图 2-32）

图 2-29　广西桂林花海景区景观平面规划手绘电脑表现（闫杰　闫超　绘）

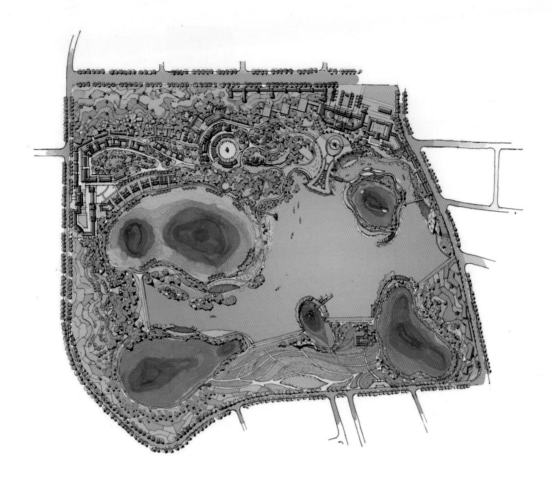

图 2-30　广西河池爱晚三姐山水文化园景观平面规划手绘电脑表现(闫杰　闫超　绘)

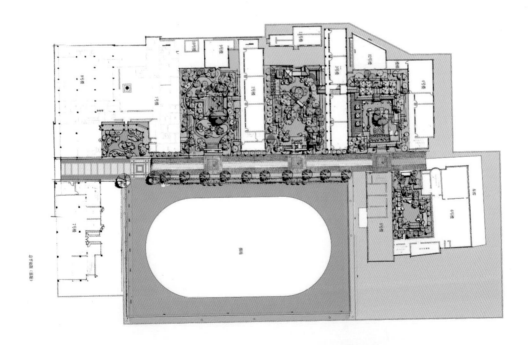

图 2-31　苏州画园平面方案手绘电脑表现(闫杰　闫超　绘)

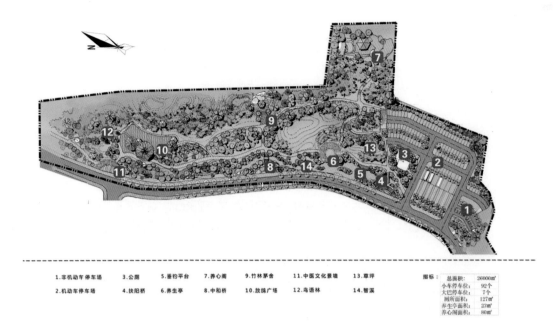

| 1.非机动车停车场 | 3.公园 | 5.垂钓平台 | 7.养心阁 | 9.竹林茅舍 | 11.中医文化景墙 | 13.草坪 |
| 2.机动车停车场 | 4.扶阳桥 | 6.养生亭 | 8.中和桥 | 10.放鹤广场 | 12.鸟语林 | 14.智溪 |

指标：	
总面积：	26000㎡
小车停车位：	92个
大巴停车位：	7个
厕所面积：	127㎡
养生亭面积：	23㎡
养心阁面积：	80㎡

图 2-32　信和信·智慧健康养生产业园景观方案平面图（沃尔特斯设计事务所）

Jingguan yu Shinei Shouhui Sheji Biaoxian

第三章
室内外设计要素手绘表现

第一节
室内外单体元素表现

在室内外的手绘效果表现中，通常以多种个体（单体）元素组成整个空间关系。要想准确地表达出各个元素的特征，需要多观察、多思考，学习利用线条表达实体造型特点，并通过相互比较，准确画出空间效果图。

一、室内单体

（一）硬质家具

首先要学会熟练运用几何体块切割的方法，进行加减法练习表现硬质家具，然后根据不同家具的质感特点对线条加以自由变化，细化形体特征，强调出单体的受光面与背光面，通常受光面的转折线做减法，虚化、留白。需注意，包括地面在内的阴影排线要讲究疏密变化、透视一致。有时候，我们会根据不同形式的家具单体照片进行手绘创作，这就需要我们能准确认识家具的结构与材质，选用合适的线条去表现不同的硬质家具。在用马克笔上色时要注意体现物体的光影关系，笔触要与线稿透视相统一。（见图3-1至图3-3）

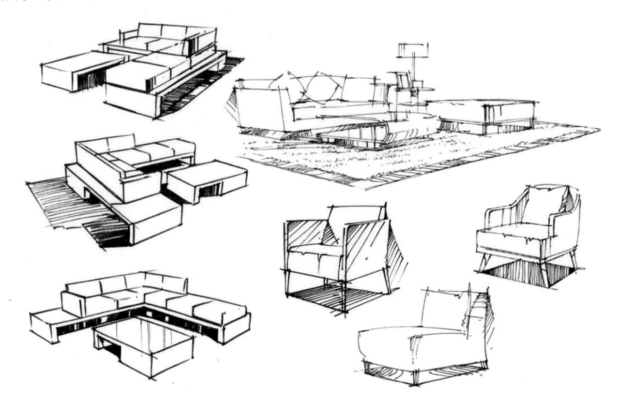

图 3-1　规则式家具沙发及座椅的表现（闫超　绘）

图 3-2　家具照片的手绘创作表现(胡华中　绘)

图 3-3　曲线形家具单体及马克笔上色表现(闫超　闫杰　绘)

（二）软装布艺

软装布艺能使室内空间的氛围更加柔和、亲切、自然。可以运用轻松、活泼的线条表现软装布艺柔软的质感，例如抱枕的表现就要注意抱枕的明暗变化以及体积厚度，只有体现了一定的厚度，才能画出物体的体积感和蓬松感。初学者容易在表达的时候处理平面化。表现抱枕时，我们可先把抱枕理解为一个简单的几何形体，然后通过分析透视关系，分出块面，运用流畅的弧形线条勾勒外形，再丰富细节纹样。（见图3-4）

图 3-4　抱枕的线稿表现（闫超　绘）

软装布艺手绘表现的注意要点：
①布的转折处的纹理走向和透视变化要合理；
②质感不同的布料的边缘线条和褶皱处理要有变化；
③组合布艺在刻画表现时可适当区分主次；
④窗帘等布艺需表现出缠绕、转折和穿插的关系；
⑤纹样图案在刻画时忌画满，要体现出虚实、大小变化。

（三）灯具装饰

灯具装饰是室内空间的"眼睛"，有着至关重要的作用。灯具已不仅仅用来照明，它还可以用来装饰房间。由于灯饰造型各异，我们常常将其分为吊灯、台灯、落地灯、壁灯、射灯等几类。在表现灯饰时，注意把握好灯具的对称性和灯罩的透视方向，可以将其置于其所处的空间当中，根据大的透视关系，运用辅助直线线条，先画出外形轮廓，再画出中线，然后刻画灯具主体和细节特点。

总之，灯饰的手绘表现还需根据甲方的喜好和空间风格设计进行整合。需要一提的是，欧式灯具结构相对复杂，细节也较多，尤其对弧线的准确度要求较高，但是总体可以运用慢线匀速表现。（见图3-5）

（四）室内绿植

室内绿植通常在整个室内空间的布局中起到画龙点睛的作用。在室内装饰布置过程中，常常会遇到一些死角不好处理，若利用植物装点会产生意想不到的效果。比如楼梯下部、墙角、家具的转角或上方、窗台或窗框等处，用植物加以修饰，会使空间焕然一新。在室内绿植的手绘表现中，我们常会根据空间的风格类

图 3-5　室内灯饰的线稿表现（闫超　绘）

型,结合不同造型的器皿进行搭配装饰。（见图 3-6）

图 3-6　室内绿植的线稿表现（闫超　绘）

二、室外单体

（一）植物类型

植物是室外空间场所中最重要的主体之一，它也是营造空间氛围最主要的景观元素。不论哪类景观植物，在手绘表现时，均需要掌握以下几个要点：

首先是认识植物的特点。各类植物因其形态各不相同，在用线表达时就会截然不同，比如木樨科的桂花和棕榈科的椰树，前者叶呈椭圆或长椭圆状，小而软，后者叶呈掌状或羽状，尖而硬，这就决定了它们要采用不同的线条表达，前者适合紧凑型的波浪线，后者则适合连续型硬折线。以不同的线条塑造各类独具特色的景观植物，营造出的空间视觉感受自然也会不同。（见图3-7）

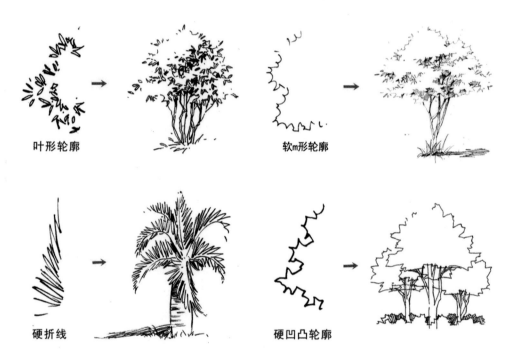

叶形轮廓　　　　　　　　　　软m形轮廓

硬折线　　　　　　　　　　硬凹凸轮廓

图 3-7　不同植物形态轮廓表现（闫超　绘）

其次是了解植物的组团关系。为更好地表现植物的立体感，需要从观察组团关系入手，分析其前后空间层次关系，并结合受光、背光情况寻找出植物的明暗变化。（见图3-8）

最后是刻画植物的细节，如枝干与叶片的穿插与遮挡关系、枝干的质感等。

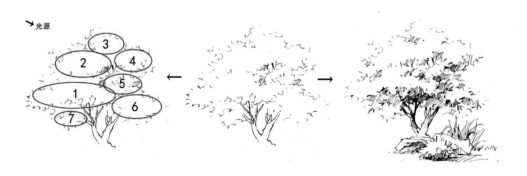

图 3-8　植物的组团关系表现（闫杰　绘）

需要注意的是,在后续的马克笔上色过程中,也应在线稿的黑白灰关系和植物形态特点的基础上,层层塑造,注意留白,色调要统一。(见图3-9)

总之,应在掌握技法步骤的前提下,尽可能地赋予表现的植物鲜活的生命力,勿让线条完全左右植物,避免使其变得过于生硬、呆板、缺乏生机。

开花类　　　　　　　　落叶类　　　　　　　　棕榈类

图 3-9　植物单体马克笔上色表现(闫杰　闫超　绘)

另外,修剪类植物如灌木球、绿篱,在手绘表现时要首先把握好明暗交界线,从背光面着笔画,先深后浅,最后在受光面点缀出叶片即可。(见图3-10)

图 3-10　修剪类植物的线稿表现(闫超　绘)

地被、时令花卉、水生植物等的手绘表现则更应注意前后穿插变化和遮挡关系,近实远虚。(见图3-11)

图 3-11　地被、花卉植物的线稿表现(闫杰　绘)

景观植物手绘表现的注意要点:

①先画树干,由主干向外伸展画分枝,做到疏密得当、重心稳定、前后遮挡关系合理;

②接近树冠的分枝,可采用单线;

③远景树概括画,近景树具体画;

④轮廓边缘线的运笔应快速、灵活,忌呆板。

树干与树冠表现如图 3-12 所示。乔木的不同表现形式如图 3-13 所示。

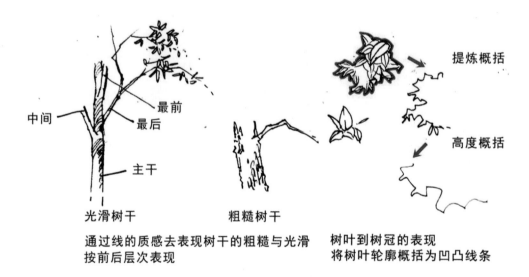

图 3-12　树干与树冠表现(闫超　绘)

(二)景观小品

景观小品是景观设计中的点睛之笔,一般体量较小、色彩单纯,在空间中起点缀作用。室外景观小品包括公共雕塑艺术品、建筑小品、生活设施小品、道路设施小品等。在表现小品的手绘效果时,不同线条的把握可以表现出不同小品的质感、体量及设计感,表现时应注意透视与艺术美。(见图 3-14)

具体画

概括画

图 3-13　乔木的不同表现形式(闫超　绘)

图 3-14　公共雕塑景观线稿表现(闫超　绘)

(三)石头景观

　　石头是园林景观中不可或缺的点景要素之一,它的自然天成,可以很好地点缀空间环境。但由于石头本身质感的特殊性——坚硬而厚重,在处理亮部线条时,若要表现出石头阳刚的感觉,需运笔快速且自信;暗部的线条运笔则要相对变慢,表现出力度感。需根据不同石头本身的结构特点,选取合适的表现方法。如以瘦、皱、露、透为美的太湖石,同有着古朴、雄浑层状肌理特点的千层石相比,表现手法便会大相径庭。

前者主要用慢线画法,表现轻松、活泼的线条,体现太湖石的灵动感;后者则需用快慢线结合的方式去表现。(见图 3-15)

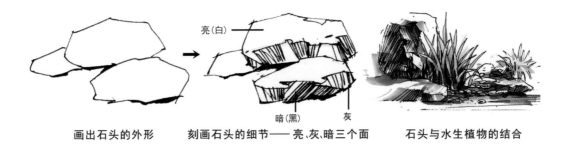

画出石头的外形　　　刻画石头的细节——亮、灰、暗三个面　　　石头与水生植物的结合

图 3-15　石头景观的手绘表现(闫超　绘)

景观置石手绘表现的注意要点:

①先确定石块的外形轮廓,后区分亮、灰、暗三个面,画出明暗交界线,握笔要松,再进行三个面的细节刻画。

②结构转折面要留白和注意虚实变化。

③暗面的排线不要过密或过松,要有一定的规律、方向和节奏,忌产生不透气感,可均匀排线。

④一气呵成,勿重复描画。

⑤处理好置石与水体、植物的空间关系。

⑥上色时需顺着石头的结构排笔,并重点加强明暗交界线和投影处的调子,强调光影。

(四)园林建筑

园林建筑是建造在园林和城市绿化地段供人们游憩或观赏用的建筑物,包括亭、榭、廊、阁、轩、楼、台、舫、厅堂等构筑物。在进行手绘表现时需要把握住各细节之间的对立统一关系,注意形体的特征变化和虚实节奏转换。园林建筑表现如图 3-16 至图 3-18 所示。

图 3-16　景观亭廊的表现(闫杰　绘)

图 3-17 公园景观凉亭的表现(闫杰 闫超 绘)

图 3-18 古典园林建筑中亭的表现(闫杰 绘)

(五)汽车、人物、飞鸟

在室外空间场地中,人物、飞鸟和汽车主要是作为配景存在的,但其重要性却不容忽视,因为想要画好单体,必须更好地处理其与周围空间环境的关系。

　　汽车车身形状轮廓具有差异性,会产生不同的视觉感受,因此在处理时应注意线条的节奏感,比如小轿车需表达出行云流水之感,而吉普车则相对来说下笔需要更有力量。马克笔表现的时候需要考虑周边环境,如果在灰色调的建筑前停放一辆汽车,那汽车颜色可以选择红、蓝或黄;如果在以绿色为背景的自然环境中,可以留白或者画红色,因为白色是百搭色,红色与绿色为互补色;如果在滨水区停放汽车,更适合用对比色——黄色去表现。(见图3-19)

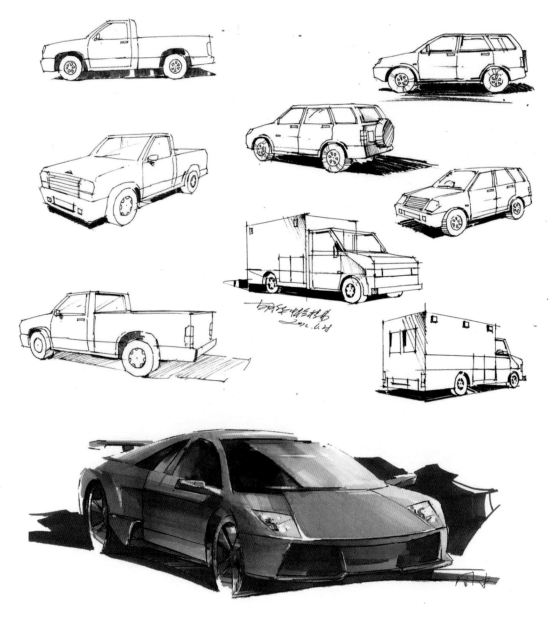

图 3-19　不同汽车的手绘表现(闫杰　胡华中　绘)

　　人物在景观设计手绘表现中起比例参照、烘托气氛的作用,也是必不可少的配景之一。首先需要准确把握人物的身形和动态线,在手绘表现中,手绘爱好者根据自身速写功底,既可以采用概括简练的手法,也可以采用写实性手法。一般空间表现由远景、中景和近景人物构成。人物的高度要依据视平线来确定。80%的人物头部要放在视平线上,其他20%的人物头部可以上下浮动。飞鸟也为配景之一,表现特点因表现对象而异。(见图3-20)

图 3-20　人物及飞鸟的概括线稿表现（闫杰　闫超　绘）

第二节
室内外组合元素表现

一、室内组合

（一）会客洽谈区

会客洽谈区通常指的是接待来访客人或宾客的区域,比如家装空间的客厅沙发区、商业空间的会议洽谈区、公共空间的等候休憩区等,这一区域内可以将不同形式的家具或软装进行搭配组合。(见图 3-21)

图 3-21　沙发休息区单体组合马克笔表现(闫超　绘)

（二）阅读休闲区

阅读休闲区多指具有阅览休闲功能的区域,通常情况下可依用户的使用习惯,结合人体工程学,再根据空间性质进行家具组合设计,从而创设出灵活多变的小空间。(见图 3-22)

（三）展示陈列区

展示陈列区一般指商业空间中对陈设品进行集中展示的区域,比如服饰、手机、电脑、艺术品、书籍等。可以根据陈列布置的风格与手法,选用不同造型的家具单体进行组合搭配,为客户在展示陈列区营造出不同的体验空间和停留空间。在展示陈列区内有时也兼有会客洽谈区设计。(见图 3-23)

图 3-22　阅读休闲区单体组合线稿表现(闫杰　绘)

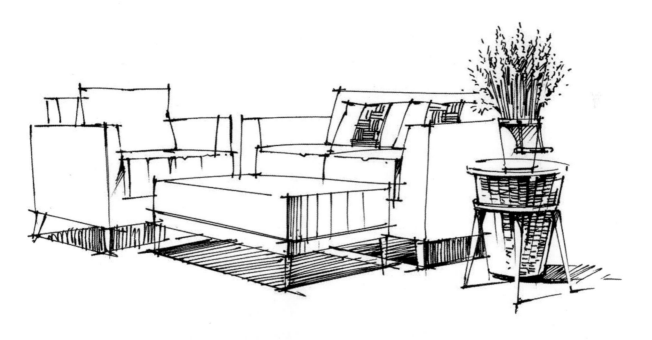

图 3-23　服装店等候区单体组合线稿表现(闫超　绘)

(四)居家休闲区

　　居家休闲区一般指家装空间中可以用来休息放松的公共区域,比如客厅、阳台、吧台等。可以根据家装空间的风格,选用不同造型的软装单体进行搭配呈现,为用户创造一种舒适、温馨的空间感受。(见图 3-24)

图 3-24　家装客厅单体组合线稿马克笔表现(闫超　闫杰　绘)

二、室外组合

(一)石头跌水小景

中国传统的庭院式景观,常以山、石、水的结合去创造灵动质朴却极富变化的景观效果。对山石的堆叠处理,结合动态的跌水瀑布形式,形成了我们最常见的石头跌水小景。要注意,水中的倒影不要表现得过于完整与清晰,水体的线条要略有变形,符合大体的透视关系。一般情况只需表现距离水岸较近的景物倒影即可。(见图 3-25)

图 3-25　不同石头跌水小景表现(闫杰　闫超　绘)

续图 3-25

石头跌水小景的马克笔上色表现步骤：

步骤一：用 Touch BG3 号蓝灰色在石头、植物投影、跌水的暗部铺出大的冷色调，注意较暗的地方可以重复叠加，如图 3-26 所示。

图 3-26　步骤一（闫超　绘）

步骤二：用 Fandi 48 号水蓝色在水帘、落水面的亮部扫出固有色，注意表现水帘的清透干净，笔触要快而轻，转折处适当留白。另外，在水体与石头相接的地方要在 Touch BG3 号颜色的基础上叠加 Fandi 48 号颜色,如图 3-27 所示。

图 3-27　步骤二(闫超　绘)

步骤三:开始刻画植物景观,将植物分为近、中、远景,近处的水草和野花用暖色系黄绿色调(Fandi 192号或 Touch 59 号),中景乔木用 Fandi 167 号(或 Touch 47 号)、Fandi 185 号(或 Touch 50 号)搭配表现,为了增强画面的空间层次感,水景后侧的远景树丛可用偏灰色调绿色(Fandi 141 号),从而使中心水景观凸出,植物退后,让视觉聚焦主题物——石头水景部分,如图 3-28 所示。

图 3-28　步骤三(闫杰　绘)

步骤四:刻画石头水景的最亮部和最暗部。最暗部用深蓝色调的马克笔(Fandi 142 号、Touch BG5 号或 BG7 号)压重整个画面,最亮部可以用 Touch WG1 号或 Fandi 101 号叠加彩铅 483 号颜色轻快扫出,用留白面来表现光影的变化。最后提亮高光,尤其是当水跌落到底部时,水花四处飞溅,这时我们可直接借助高光笔去表现水花散开的效果。(见图3-29)

图3-29　步骤四(闫杰　绘)

(二)园林铺装小景

园林铺装不仅具有组织交通和引导游览的功能,还为人们提供了良好的休息、活动场地,同时还直接创造出优美、有特色的地面景观,给人以美的享受,增强了园林艺术效果。通常园路与景石、植物、湖岸、小品、休闲设施等元素相搭配,营造出"出人意料、入人意中"的环境气氛。(见图3-30)

图3-30　园林铺装小景表现(闫超　闫杰　绘)

续图 3-30

(三)园林建筑小景

园林中的建筑种类繁多,其中最具特色的,也是最常见的,还是亭、廊、桥、榭等,将其与花木、山石、水流有机配置也是园林造景手法的一部分,从而创造出观赏功能与使用功能兼备的景观。(见图 3-31 和图 3-32)

图 3-31 园林山亭叠水小景表现(闫杰 绘)

图 3-32　公园景观木亭小景表现(闫杰　绘)

第三节
室内外不同材质表现

在进行手绘设计表现的过程中,需要表达不同空间和不同气氛下的不同材质。这就需要我们有熟练运用线条、色彩的能力,利用线条和色彩的融合表现出理想的材质效果。

在室内外空间中,材质的刻画与细节能让整个空间效果看起来更加生动、真实,比如常见的铺装石材、砖墙、木材、玻璃、墙纸等。另外,在室外环境当中,对天空和水景的刻画也会起到烘托整个空间氛围的作用。

一、木材

木材的表现主要在于颜色和纹理,木材有其特有的纹理或者拼合线,所以在黑白线稿的处理上,运笔要松且慢,在纹理的表现上注意根据透视变化体现虚实感,而在马克笔着色时应顺着纹理的走向进行刻画。(见图 3-33)

对于室内空间来说,木材主要用于装饰,在颜色处理上,可以先选择与木材颜色相近、纯度较低的马克笔色号铺设出大的色调,再借助彩铅加以刻画。通常可以选择 STA 的 96 号或 102 号颜色。当室内空间的木材面积较大时,比如天花板、隔断、玄关等处,马克笔颜色处理上要注意近实远虚关系,并根据室内光源的

图 3-33　木材及木质座椅手绘表现(闫杰　闫超　绘)

变化,画出明暗深浅,若木材有特殊构造(比如木格栅)或者表面有特殊装饰纹样,可以借助重色与高光笔强调出来,如图 3-34 所示。

图 3-34　室内木格栅的手绘上色表现(闫杰　闫超　绘)

对于室外空间来说,所用木材多为防腐木,由于经过了药剂等特殊处理,可以经受户外比较恶劣的环境,具有防虫、防水、防腐的特点,可制作成不同样式的小品,相关表现如图 3-35 所示。

二、石材

室内空间中被大量使用的多为抛光的大理石、花岗石和瓷砖,石材表面光洁平滑,质地坚硬,色彩变化

图 3-35　木质景观小品手绘表现(闫杰　闫超　绘)

丰富。表现石材时要注意虚实变化,运笔快慢结合,用线条的粗细以及局部点缀的大小不一的斑点来体现大理石材的天然纹路效果。用马克笔着色时先用冷灰浅色快速横向扫笔,铺出大的色调;然后重复叠加,增加深浅变化;最后通过深灰色(Touch BG5 号或 BG7 号)压重两侧投影和分割线,增加石材的凹凸感,当受到光源影响时,可以利用高光笔提亮大理石的纹路线。在空间表现时,要注意明暗变化,在暗部通常在冷灰色的基础上叠加 Touch BG3 号颜色。(见图 3-36)

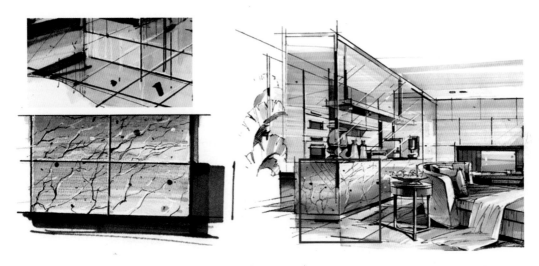

图 3-36　不同石材表现训练(闫杰　绘)

三、玻璃

在现代室内外装饰中,玻璃在空间隔断、橱窗、屋顶天棚等应用中都有自己特有的视觉装饰效果及特性,是其他材料不可替代的。由于玻璃不仅透明,而且还对周围产生一定的映照,所以在表现时不仅要刻画通过玻璃看到的物体,而且还要用尺画一些疏密、长短适当的投影状斜线条,以此来表达玻璃的平滑硬朗。在用马克笔着色时,为了表现玻璃的通透感,可以先把玻璃后面的物体适当表现出来,并用冷灰色(Touch CG 号)适当降低物体的纯度,最后再适当加一点蓝色或因反光产生的环境色即可,另外可以借助高光笔提亮来表现自然光的变化。但需注意一点,若玻璃窗外有绿植,在表现植物景观时马克笔的颜色不能太过鲜艳,需将对比度和纯度适当降低。(见图 3-37 和图 3-38)

图 3-37　玻璃手绘表现（闫超　绘）

图 3-38　玻璃材质在室内空间中的表现（闫杰　绘）

四、砖材

　　在室外景观建筑空间中，砖材被广泛用于建筑墙体立面装饰、室外地面铺装等。在线稿的手绘表现中，我们主要根据空间的透视走向，用砖材的轮廓线造型去刻画。手绘时线条要放松，不能握笔过紧，线条要有虚实变化，且砖材轮廓线条不能表现得过于齐平、完整，数量也不宜画得繁多。可以灵活运用穿插、衔接、留白、呼应等技法，从整体上把握住砖材肌理的节奏感。这种表现技法也适用于写生手绘对建筑墙体的表达。（见图 3-39 和图 3-40）

图 3-39　桂林大圩古镇古民居的砖材表现（闫杰　绘）

图 3-40　水景花岗岩石材表现（闫杰　闫超　绘）

五、天空

在用手绘表达天空的时候,我们经常借助云去表现天空的变幻莫测,如图 3-41 所示。天空多数情况为蓝天,一般可以省略线稿,直接利用单色马克笔(常用 Fandi 222 号,Touch 444 号,STA 67 号)或彩铅(445号、451 号)进行快速描绘,但首先需掌握天空云彩的特点,即变化、灵动、块面、通透。我们可以用马克笔笔头的侧锋进行连续性排笔,运笔速度由慢到快,产生颜色渐变与过渡。但是在马克笔排笔过程中,需要注意以下要点:

①出线的笔头要及时破除、融笔,勿等到干透之后增添新的笔触。

②排笔要结合云的飘动方向进行刻画,勿过于僵硬地使用横向"一"字形排笔。

③向左右两侧渐变过渡。

④连续排笔,表现形状不一的块面,而非线条。

图 3-41　用彩铅与马克笔表达的天空(闫超　绘)

彩铅排笔则是先由线成面,再向线过渡渐变。

有时候,我们也会表现某些特定时间的室外景观空间,比如月夜时分、日落时分等的室外景观。这种情况下,需要我们把握住环境的特点和氛围,利用马克笔或彩铅烘托出天空的色彩,如图 3-42 和图 3-43 所示。

图 3-42　月夜的天空表现(闫杰　绘)

图 3-43　日落时分的天空表现(闫杰　绘)

六、水景

　　室外景观空间水景形式分为动态水景和静态水景两类,均有其各自的形式特点,应抓住主要特点进行概括表现。比如跌水、瀑布等动态水景的水流方式为自上而下,线条也应与其方向保持一致,并通过受光面的留白等手法体现出水流的体积感。要注意水流下时的轻盈流畅之感,因此线条要一气呵成,运笔要尽量快速,并做到有疏有密、有长有短。水面转折要留白提亮;当水落到底部时,水花飞溅,可直接借助高光笔去表现水花散开的效果。(见图 3-44)

图 3-44　人工水池水景形式表现训练(闫超　绘)

　　对于涌泉、喷泉等水景形式,其水流方式则为自下而上,呈喷涌状,水流向上聚集。线稿表现时可以先预留出空白,然后用抖动线将水的边缘轮廓勾勒强调出来,但不能将线条画得太实,以免影响水体的自然形态。总之,需把握住以下几点:

　　①水流的流向关系到线条的轻重缓急。

　　②注意表现水周围尤其是水近处的元素、材质和投影,简化水流本身的线条刻画。

　　③水景在黑白线稿阶段不宜刻画得过满,应留出足够空间为着色渲染做准备。

　　④着色阶段需先用 Touch BG3 号颜色打底,后用浅蓝色快速扫笔,马克笔笔触要清透干净。

Jingguan yu Shinei Shouhui Sheji Biaoxian

第四章
透视步骤与室内外空间
效果表现

在手绘表现的过程中,需要理解并运用各种透视原理来表现场所空间,同样也需要在手绘练习实践中,能反过来理解作品中的透视原理,找到适合自己的参照线。只有这样双管齐下,才能更好地掌握手绘技法。有时候我们并不建议去临摹与抄绘一些大师级的作品,因为在达到某个层面时,手绘表达的更多的是作者的情感与思考,他们不再刻意去强调透视的绝对精确。初学手绘时,对透视的把握应尽可能地准确,避免出现画面失衡、变形的情况。在室内外空间手绘表现中,一般包括三类透视,即一点透视、二点透视和三点透视。

第一节
一 点 透 视

一点透视也叫平行透视,是指立方体水平放置时,有一对面与画面平行,有一对面与画面垂直,还有一对面与地面平行,所有的透视线都消失到心点的透视表现图。一点透视的特征是安定、平稳,其形成原理如图 4-1 所示。

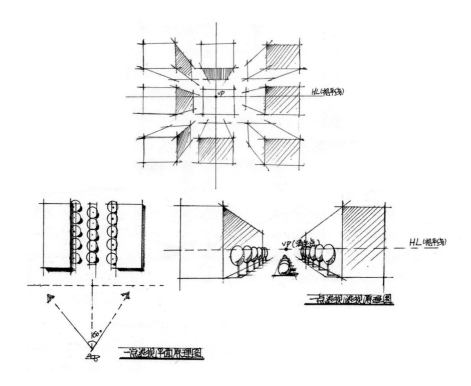

图 4-1　一点透视形成原理(闫杰　绘)

一点透视是室内设计中应用最多,也是最易被人接受的一种空间透视表现,刻画表现的空间庄重、稳重,能够显示主要立面的真实比例关系,比较适合表现有一定纵深感的空间。初学手绘者采用一点透视时在透视构图上容易让人产生呆板的感觉,形成对称式构图,画面不够活泼。需注意,一点透视的消失点在视平线上偏离画面中心 1/3 至 1/4 左右为宜。在表现室内空间效果图时,视平线一般定在整个画面靠下的 1/3 左右位置。

案例：一点透视室内空间表现步骤——家居卧室空间

步骤一：确定构图，确定视平线在纸面竖向的位置和消失点在视平线上横向的位置；从主体入手画出空间（墙体、地面、吊顶）的大体透视结构线，透视线（变线）消失在消失点上，原线与视平线平行，要求透视准确。确定好室内家具物体所在地面的正投影位置，注意各物体间的距离和比例，如大床、卧榻、床头柜可相互参照对比。（见图4-2）

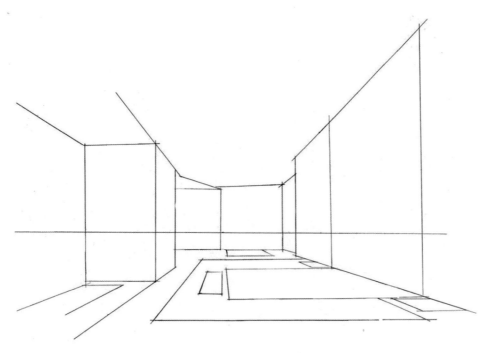

图 4-2　步骤一（闫超　绘）

步骤二：在主体空间结构线的基础上，画出左侧的镜面装饰台空间和后侧的办公空间；水平画出卧室的顶面天花板，将地面硬质家具物品（如浴缸、大床、卧榻、台灯、床头柜、沙发）整体地概括为几个几何体块，注意物体比例的准确性，顺序连接消失点，大体呈现出基本的卧室空间效果。（见图4-3）

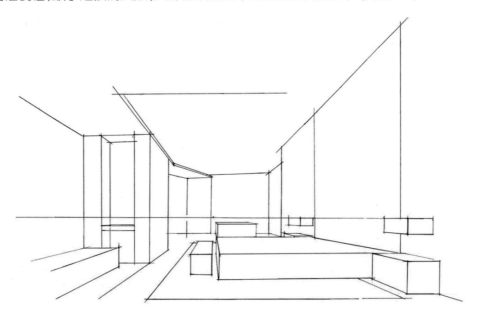

图 4-3　步骤二（闫超　绘）

　　步骤三:继续将空间内的主体家具陈设细化,刻画出材质特征,包括大床、床尾巾、枕头、床尾凳、沙发、写字台、浴缸等;需注意细节透视线要与主体物结构透视线方向统一。用轻松流畅的线条体现舒适、柔软的质感,比如枕头、大床、沙发、床尾凳等,同时用硬朗明快的线条表现玻璃、浴缸等。在整体空间物体处理上要注意近处深入刻画,较远处弱化,近实远虚,拉开距离以体现空间关系。(见图4-4)

图4-4　步骤三(闫超　绘)

　　步骤四:画出空间的明暗关系和局部细节(百叶窗帘、地毯等),强调物体投影与转折处,注意加上明暗调子时要有前后虚实、主次关系,忌所有物体类同。添加点缀空间的小摆件,比如书本、酒瓶、绿植、花卉等,完善整个空间,使画面丰富。(见图4-5)

图4-5　步骤四(闫杰　绘)

步骤五：马克笔上色表现，注意整体颜色统一和变化的平衡，我们可以采取偏冷色调的色系进行上色，表现室内空间的简约风格，如图 4-6 所示。

图 4-6　步骤五（闫杰　绘）

第二节
二 点 透 视

　　二点透视也叫成角透视，指立方体水平放置时，无任何一边与画面平行，而是与画面成一定角度。二点透视的特征是构图丰富且富有变化，画面具有活跃、强烈的动感，更符合人的视觉习惯，适用于表现丰富、复杂的场景。二点透视的方向线是与地面平行的变线，各自与画面成一定的角度，形体的一组边向左边消失点消失，一组边向右边消失点消失，如图 4-7 所示。但需注意一点，有时左右两侧的消失点不一定在画面内，可能延伸至画面外。

　　二点透视存在两个消失点，因此如果角度掌握不好，容易发生一定的变形。需要注意的是，视平线上的两个消失点不宜定得太近。同一点透视一样，在表现室内空间效果图时视平线一般定于整个画面靠下的 1/3 左右位置。二点透视的平面图转透视图原理如图 4-8 所示。

案例：二点透视室内空间表现步骤——酒店商业空间

　　步骤一：确定构图，确定视平线在纸面竖向的位置和消失点在视平线上横向的位置；从主体入手，画出空间（墙体、地面、吊顶）的大体透视结构线，透视线消失在消失点上，原线与视平线平行，要求透视准确（此处天花板吊顶为一点透视）。遵循二点透视原理，将地面、家具座椅按照空间布置画出正投影的位置，分别

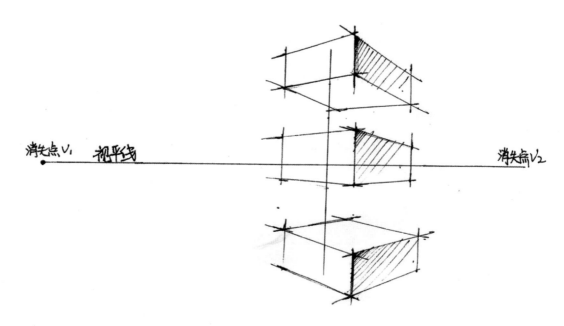

图 4-7　二点透视的形成原理图(闫杰　绘)

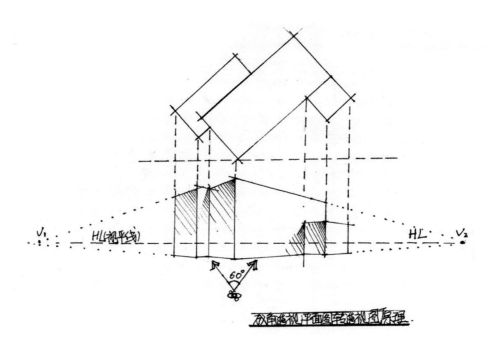

图 4-8　二点透视的平面图转透视图原理(闫杰　绘)

消失在两侧,如图 4-9 所示。

　　步骤二:在步骤一确定的室内主体结构(墙体、地面、吊顶)线基础上,根据透视线(变线)消失的方向,依次画出窗体、桌椅,注意近实远虚,如图 4-10 所示。

　　步骤三: 根据画面的透视方向,刻画出近景、中景、远景中的软装物体与空间结构位置,比如近景中的落地灯、天花板和金属吊灯、桌面盆栽以及左侧空间的吧台、酒柜,中、远景中的旋转门厅、雕塑小品以及内侧的过道空间,注意近实远虚,如图 4-11 所示。

　　步骤四:在步骤三的基础上,突出重点,表现整个空间和物体结构的明暗关系,排线方面注意虚实过渡、光影变化,切勿画得过满过密,刻画强调出空间必要的材质特点(如玻璃窗户、地毯等)以及室内绿植等,如

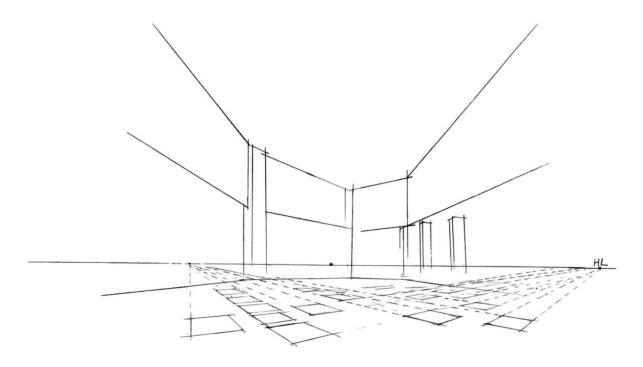

图 4-9　步骤一(闫超　绘)

图 4-10　步骤二(闫超　绘)

图 4-12 所示。

　　步骤五:马克笔上色表现,注意整体颜色统一和变化的平衡,如图 4-13 所示,室内植物作为画面收口,勿用过于跳跃的绿色。

图 4-11　步骤三(闫杰　绘)

图 4-12　步骤四(闫杰　绘)

图 4-13 步骤五(闫杰 绘)

第三节
三 点 透 视

　　三点透视又叫倾斜透视,由于为俯视或者仰视,透视画面中原来垂直的建筑物有了倾斜角度。三点透视适合用来表现高层或超高层建筑、城市规划及景观规划,具有较强的夸张性和戏剧性。

　　在二点透视的基础上,人的视线仰视变化,形成仰视二点透视;人的视线俯视变化,则形成俯视二点透视。仰视景物险峻高远,有开朗之感;俯视景物动荡欲覆,有深邃之感。需要注意的是,人距离物体越近,倾斜角度越大;人距离物体越远,倾斜角度越小。所以,好的三点透视效果图需要作画者选择合适的距离与位置,才不会产生失真变形。

　　三点透视的形成原理如图 4-14 所示。

　　三点透视案例原理图(俯视二点透视图)及对应的空间线稿表现如图 4-15 所示。

　　案例:三点透视景观建筑空间表现步骤——商业建筑空间鸟瞰

　　步骤一:在画面最上方画出一条视平线,根据场景位置和体块比例确定大的构图,然后用铅笔打形,如图 4-16 所示。这一步需要注意的是,第一笔要定好垂直于纸面的线(垂心线),然后把握住大方向的透视变化即可,依据近大远小的原则,透视线缓慢消失,画出建筑体的大体轮廓形态,高度线消失于画面下方(地点)。

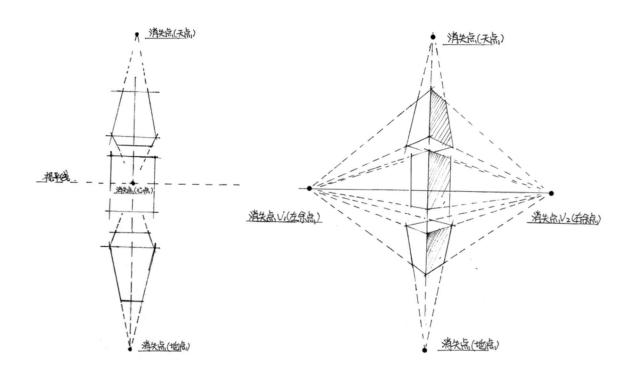

图 4-14　三点透视的形成原理图(闫杰　绘)

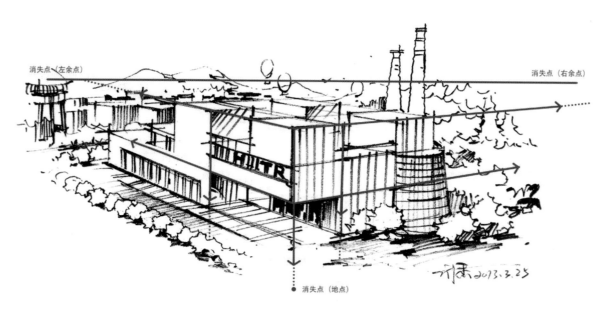

图 4-15　三点透视案例原理图及空间线稿表现(闫杰　绘)

步骤二:在步骤一的基础上根据整体统一、平行内收原则,逐步调整空间透视线的变化,可借助平行尺让透视线分别消失在左右两侧,让变线慢慢消失,如图 4-17 所示。

步骤三:对建筑体块进行切割处理,主要是表现出建筑体的结构关系和明暗关系,以及与地面交接处的投影线刻画,可通过疏密排线的方式来表现明暗调子,如图 4-18 所示,注意虚实和过渡,切勿排得过满过密。另外,需要注意,对远景建筑群可以弱化或留白处理,与前景主体建筑形成明显的主次、前后关系。

HL

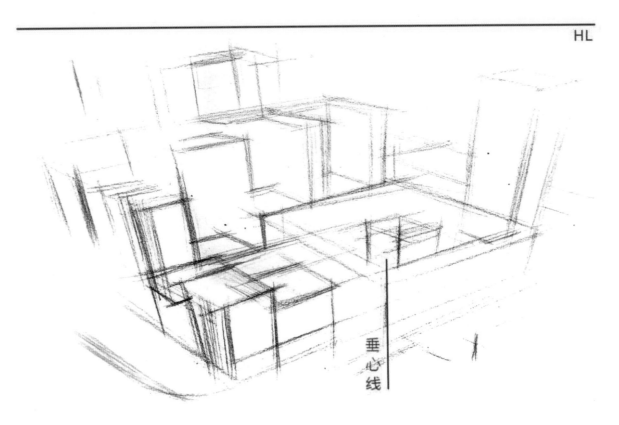

图 4-16　步骤一(闫超　绘)

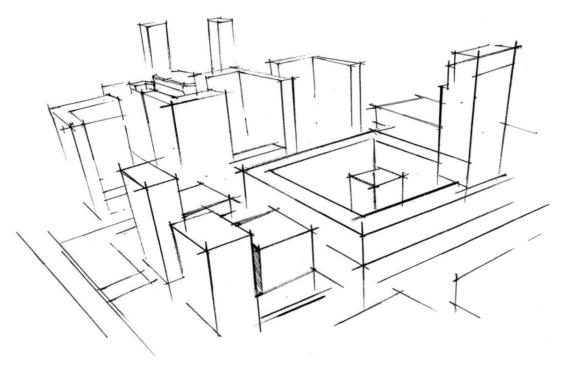

图 4-17　步骤二(闫超　绘)

步骤四:对整个空间环境进行鸟瞰及植物群的刻画,如图 4-19 所示。对场景中近景植物的表现可以用

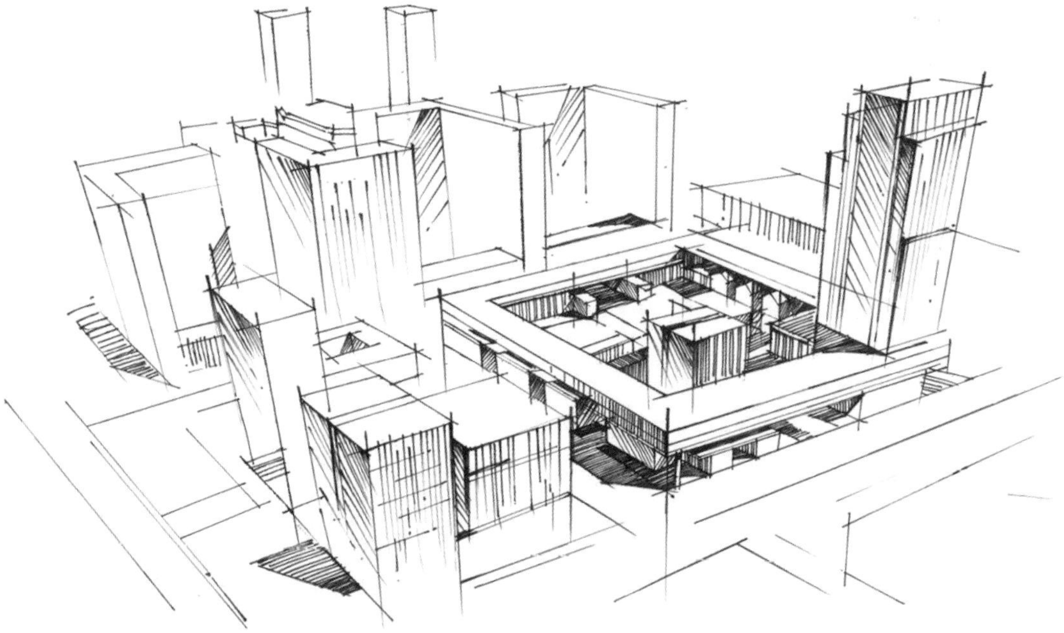

图 4-18　步骤三（闫超　绘）

轮廓法快速勾画，远景用波浪线虚化处理。由于三点透视一般空间场地较大，植物相对建筑体的近大远小透视关系不会特别明显，树冠大小不宜变化太快。这里要特别强调，刻画植物时需要注意植物的前后遮挡关系以及植物暗部投影。

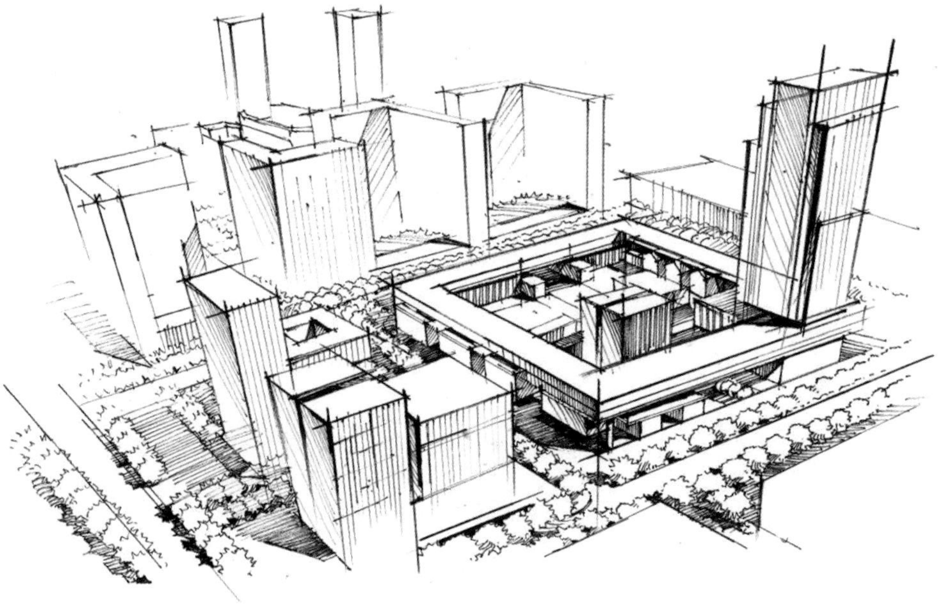

图 4-19　步骤四（闫杰　绘）

步骤五：马克笔上色，可以自由选择合适的场景风格，如图 4-20 所示，比如我们想表现冬景中茫茫大雪的凛冽氛围，整个画面色调则可趋向于冷色调，雪景（正在下雪的场景）可以借助高光笔或者牙膏、牙刷去表现。为了使画面色彩平衡突出,可以采用冷暖补色搭配上色。

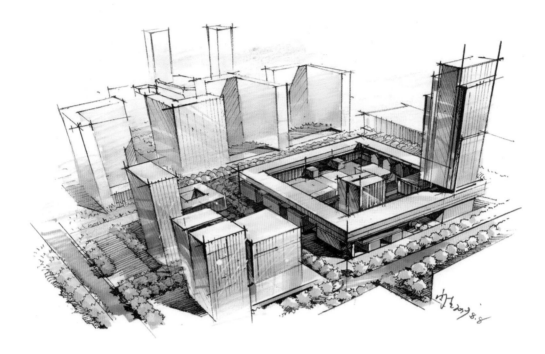

图 4-20　步骤五(不同风格上色表现)(闫杰　绘)

Jingguan yu Shinei Shouhui Sheji Biaoxian

第五章
景观与室内平立剖面
手绘表现

第一节
室内平立面表现

一、平面图表现

(一)上色步骤表现

在室内平面图上一般可以根据风格喜好进行着色,形成的彩色平面图(彩平图)分为普通样板间风格彩平图、极简肌理风格彩平图等。不同彩平图的手绘表现所体现的核心点也会不同,比如家装样板间彩平图更注重表现精确的硬装材质和软装样式,极简肌理风格彩平图则更多注重整体色调的把握。以家装空间为例,上色步骤及要点如下:

①从面积较大的地砖开始铺色,一般用偏暖灰色(WG3 号)打底,利用马克笔正锋笔触水平排笔,在靠近家具的地方沿边缘压重处理。需要注意光影(按照光线照进窗户确定)的表达,接近光源的地方(比如阳台)要快速水平扫笔,使之产生颜色由深到浅的变化。

②待第①步颜色干了之后,可以对靠近家具等物体的地方进行二次颜色叠加。可以适当表现出点、线、面的渐变效果。

③对地板进行上色处理,可选同色系偏浅棕黄的马克笔水平排笔,靠近家具体块的位置压重,无家具的位置留白。

④着重处理地面铺装的细节,主要是利用同色系彩铅对大理石、地板的肌理、花纹、反光等进行局部块面的写实处理。

⑤对家具等物体进行上色。颜色选择要与整体色调搭配,统一且变化,如铺装呈暖灰色,则家具可偏冷灰色调。笔触上要注意留白,结构转折处可以用同色系彩铅压重过渡,进而呈现立体效果。

但是,需要注意的是,有时候在室内快速设计表现中,平面图的绘制与上色处理(见图 5-1)相对效果图表现会简化很多。

(二)其他风格表现

有时候为了呈现出不同风格特点的平面效果,我们也会对平面图进行艺术化加工处理,常见的有国际风、工业风处理等。(见图 5-2)

二、立面图表现

室内立面图主要用于表示立面的宽度和高度,表示立面上的砖石物体或装饰造型的名称、内容(材质)、大小、做法、竖向尺寸和标高。同一立面可有多种不同的表达方式,各个设计师可根据自身作图习惯及图纸要求来选择,但在同一套图纸中,通常只采用一种表达方式。立面图表现目前常用的有以下四种:

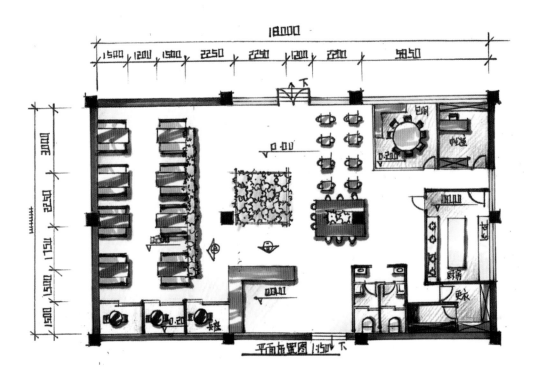

图 5-1　私房菜馆室内空间手绘平面图（刘美英　绘）

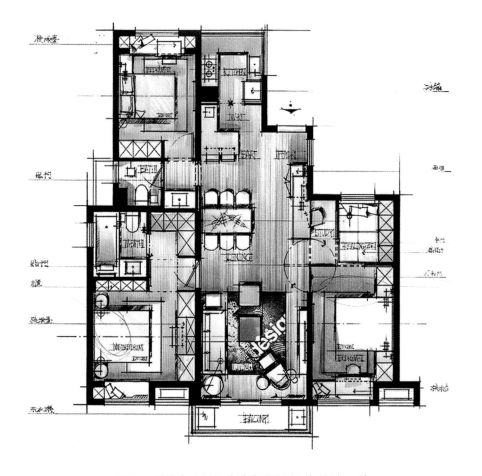

图 5-2　某家装空间设计手绘平面图上色（闫超　绘）

①在室内平面图中标出立面索引符号,用 A、B、C、D 等指示符号来表示里面的指示方向。

②在平面图中标出指北针,利用东、西、南、北指示各立面。

③立面的局部表达,可直接使用此局部物体或方位名称,如屏风、玄关等,如图 5-3 所示。

④利用轴线表示位置。

需要注意一点,我们对于立面图的表现更多集中于有空间创意或特点的局部结构,而同一空间内出现两个相同立面时,只需画出一个立面,并在图中用文字说明即可。另外,剖面图更多表现的是建筑设计内部结构等,此处不做赘述。

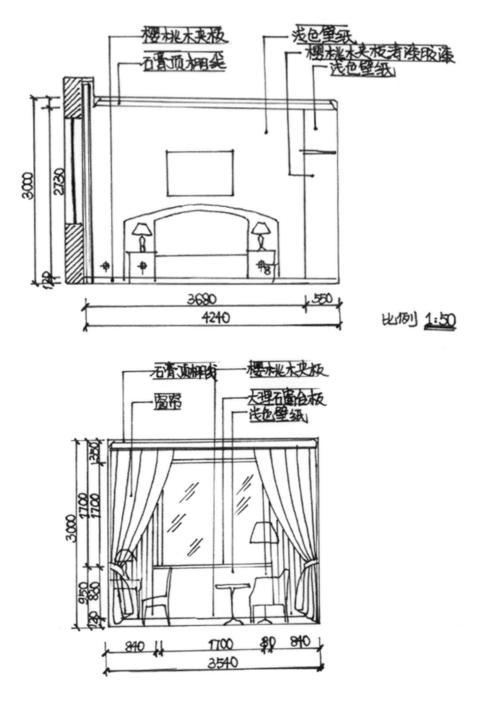

图 5-3　某家装空间设计局部立面图(闫超　绘)

第二节
景观平立剖面表现

一、平面草图设计表现

　　在景观设计中,手绘草图是探讨、推敲、交流、表达的重要手段,从初期项目概念构想到后期推进,贯穿始终。它也是设计师之间、设计师和甲方之间快速交流的手段。(见图5-4)

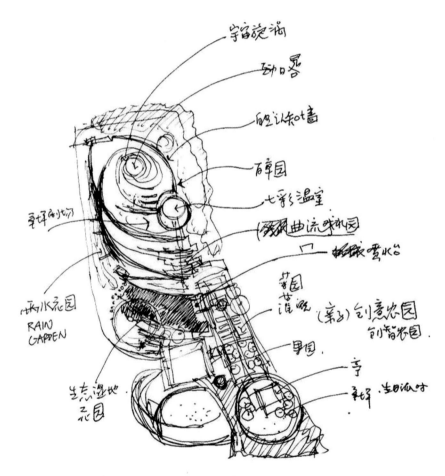

图 5-4　劝学公园草图设计表现(张唐景观)(图片来源:网络图库)

　　手绘草图表现是对项目反反复复、不断完善的构思过程,这个过程可能很短,也可能很长。想要缩短这个过程就需要设计师能够快速准确地捕捉甲方的需求信息和整合素材,在不断的否定、肯定中完成一个方案设计。(见图5-5和图5-6)

　　在实际工作中,还会遇到一稿平面草图被甲方全部推翻的可能,这种情况下,设计师做出的景观概念设计就需要重新进行构思,因此有的项目乙方会给出一个以上的方案设计。现以桂林永福穿越盛世项目为例,该方案设计草图是以历届朝代所展现的文化与历史为主题功能进行分区设计,北以先秦起,南以明、清止,通过生态桥廊串联起各分区的景观资源,并利用山水格局及场地特质营造充满生机、生动的历史生态景

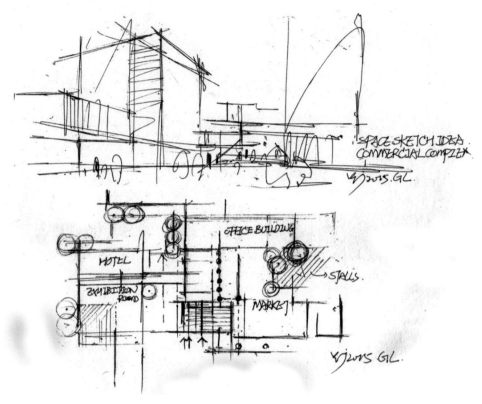

图 5-5　商业广场手绘草图构思(沃尔特斯设计事务所)

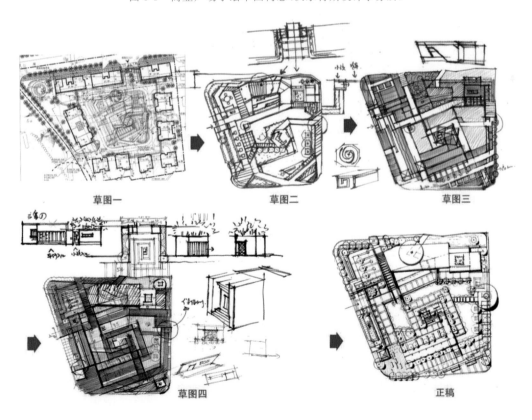

草图一　　　　　　草图二　　　　　　草图三

草图四　　　　　　正稿

图 5-6　方案设计草图推演表现(沃尔特斯设计事务所)

观;融入山体(养生)产业,倡导一种惬意、舒缓、健康的慢节奏生活方式,构筑一个形态完整、功能完善、人与环境和谐共生的景观系统,让人仿佛穿越回到漫漫的历史长河中。(见图5-7)

后因甲方要求,方案进行了重新调整,将整个景区的历朝建筑群按南北中轴线对称区块规整式布局,层次分明,主次有序,凸显大气的盛世景观效果;西面的河道引入内部,围合起整个主体建筑空间,同时满足了观景与分区的双重功能。改后方案以古代宫殿的空间布局为缩影,体现"一日梦回王朝"的设计概念与思路,希望通过转换空间、营造场地的特殊记忆,结合不同形态的景观表现出来。(见图5-8)

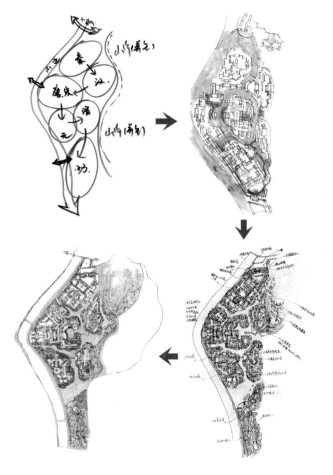

图 5-7　方案设计草图(沃尔特斯设计事务所)

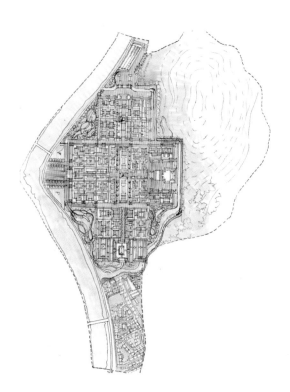

图 5-8　修改后的设计方案(沃尔特斯环境
　　　　艺术设计有限公司)

二、景观平面图表现

平面图是整个景观项目设计的核心,也是体现设计师最为宏观的、复杂的思考与分析的过程。在平面手绘线稿中植物样式不宜采用过多,以3～4种为佳。马克笔上色要注意整体统一,一般先给面积比较大的草坪、水域和道路上色,再给植物的主体以及地被植物上色,最后给鲜艳、跳跃的植物上色,但是要注意色彩之间的平衡与协调,在画面中应遥相呼应,这样就能保证图纸色彩统一且富有变化。(见图5-9至图5-11)

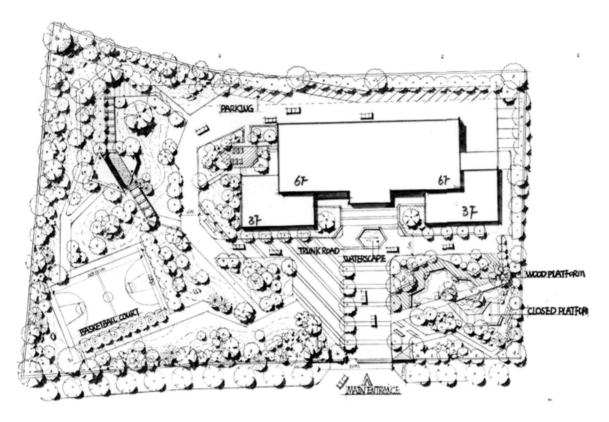

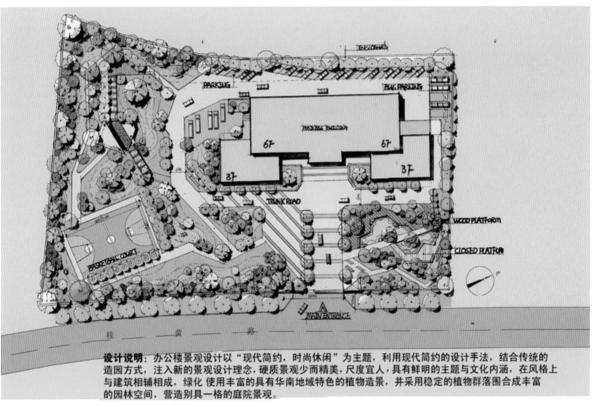

设计说明：办公楼景观设计以"现代简约，时尚休闲"为主题，利用现代简约的设计手法，结合传统的造园方式，注入新的景观设计理念，硬质景观少而精美，尺度宜人，具有鲜明的主题与文化内涵，在风格上与建筑相辅相成，绿化 使用丰富的具有华南地域特色的植物造景，并采用稳定的植物群落围合成丰富的园林空间，营造别具一格的庭院景观。

图 5-9　平面图表现 1（沃尔特斯设计事务所）

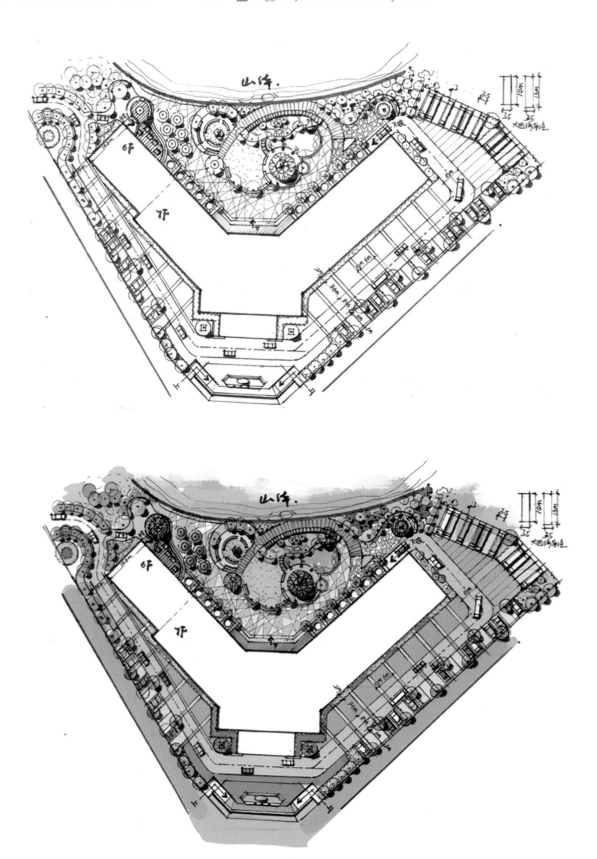

图 5-10　平面图表现 2(沃尔特斯环境艺术设计有限公司)

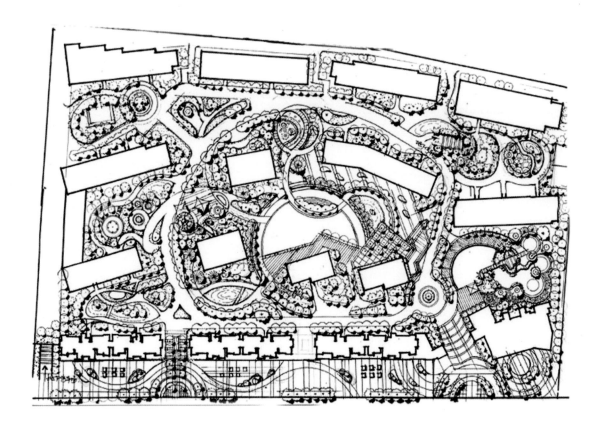

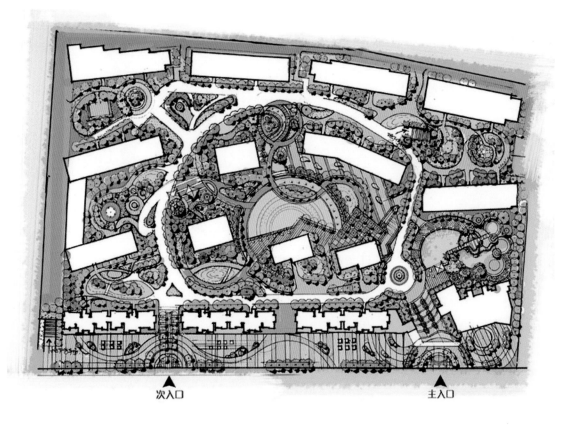

次入口　　　　　　　　　　　　主入口

图 5-11　平面图表现 3（沃尔特斯环境艺术设计有限公司）

(一)植物元素表现

1. 乔木

乔木的平面表现为以树干位置为圆心、树冠的平均半径为半径作出圆,再加以刻画,其表现手法非常多,表现风格变化很大。一般我们将乔木的平面表现划分成以下三种类型:

①轮廓型——树木平面只用线条勾勒出轮廓,线条可粗可细,轮廓可光滑也可带有缺口,一般用来表示常绿或落叶乔木。

②分枝型——在平面中只用线条的组合表示树枝或枝干的分叉,如落叶大乔木或古树名木等。

③质感型——在树木平面中只用长短线条的组合或排列表示树冠的质感,如针叶类植物。

需要注意,在表现植物平面图时,若树冠下有花台、花坛、花径或水面、石块和竹丛等较低矮景观时,平面植物可简化表达,用大小圆圈标出树干位置即可。

通常我们会通过表现植物的落影去增加画面的对比效果,使平面图富有生气。植物的落影取决于树冠的形状、太阳光线的角度等,常用落影圆表示。具体方法:先选定平面光线的方向,根据植物定出落影范围,以等圆作树冠圆和落影圆,然后擦去树冠下的落影,将其余落影涂黑。对不同质感的地面可采用不同的树冠落影表现方法。

平面图中乔木及阴影表现如图 5-12 所示。

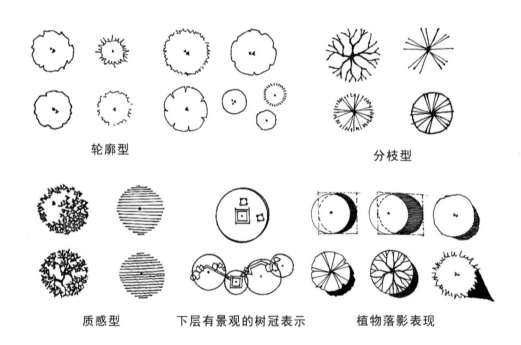

轮廓型　　　　　　　　　　　　　　　　分枝型

质感型　　　下层有景观的树冠表示　　　植物落影表现

图 5-12　平面图中乔木及阴影表现(闫超　绘)

2. 灌木

灌木由于没有明显的主枝干,一般情况下采用树丛的表示方法,平面形状有曲有直,与乔木丛的圆弧线不同的是,灌木丛多以不规则的凹凸线轮廓表示。但对于修剪规整的灌木丛(球)可采用和乔木相似的三种表示方法。

3. 地被

地被作为植栽在下层的植被,作图时通常以地被栽植的范围线为依据,用不规则的波浪状细线勾勒出范围轮廓,避开上层植物,然后用斜线排列形式表现,注意间距不宜过密或过疏。

打点法是较简单也是最常用的一种草皮表示方法。用打点法画草皮时所打的点大小应基本一致,无论疏密,点都要打得相对匀称。在设计过程中我们还会接触到有地形微变化的草坡,这种情况下需要先用长短虚线画出等高线,再用上述打点法表示出草皮效果。

平面图中植物表现如图 5-13 所示。

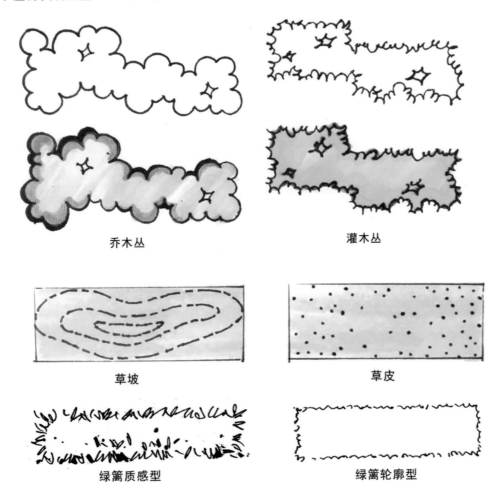

乔木丛   灌木丛

草坡   草皮

绿篱质感型   绿篱轮廓型

图 5-13　平面图中植物表现(闫超　绘)

(二)线稿表现步骤——以北京香格里拉庭院景观设计为例

①在 CAD 里按比例打印建筑平面底图,打印好的建筑底图放在硫酸纸下,用宽的塑料胶带裱图固定,画出红线区和场地内的建筑(群)。

②在红线区内进行景观方案的草图构思设计。根据确定的方案设计思路,首先将主要道路描绘出来,然后结合小空间组团关系,交代清楚各级道路走向并进行细化处理。

③将设计思路中的各类景观元素(水景、小品、地形、铺装、构筑物等)加入场地空间,合理布局。

④进行细化处理,包括重要的景观节点的铺装收边线及铺装样式、水体驳岸线等。根据空间性质与特点,进行植物的平面布局,将主景树(乔木、灌木)、地被及草地分别依照平面画法加以区别表现。

⑤统一画出投影,要注意建筑及植物的投影既可以在线稿阶段用较粗的针管笔表现出来,也可以放在上色阶段直接利用马克笔(BG9 号色)快速画出。总之,要做到布局均匀,黑白层次分明,线条肯定流畅,即

使不上色也是一幅好图,细致耐看。

　　线稿表现如图 5-14 所示。

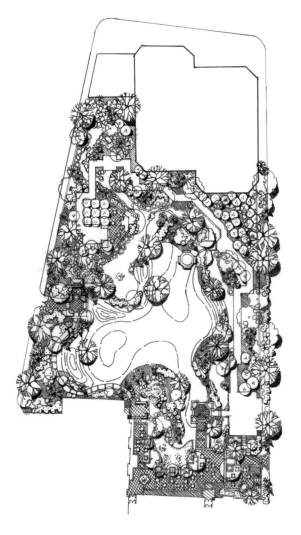

图 5-14　北京香格里拉庭院景观设计手绘线稿(闫超　绘)

(三)硫酸纸上色表现

　　硫酸纸上色主要采用反面上色法,也就是在线稿背面上色,因为这样不会使正面的线稿因为马克笔上色而变得模糊、被涂抹、产生污染,保证黑白线稿的清晰度。此外,反面上色具有易修改的特点,不用担心因画错而导致重画。需要注意,上色的基本原则是由浅入深,在整个上色过程中要注意整体的呼应与协调。

　　对于景观平面图,植物所占的比例较多,所以一般先用中性绿(避免过冷或过暖的绿)色铺出大面积的乔木,快速平涂,但要适当预留一些空隙,不要全部涂满,也可再叠加一种绿色增加树的层次感,需要强调的是,在一层颜色未干时加入其他色彩可以更好过渡与融合。乔木下层的灌木、地被等则可采用同色系不同色调的绿色加以区分,但需注意色彩之间的对比和协调。另外,在入口及广场区域的树木可采用明艳一些的绿色,以突出和强调这些空间。

　　完成画面 70% 左右的着色后,可以对画面按需要进行整体调整,包括对主要景观节点进行深入刻画,如铺装样式、景观构筑物、水景、木平台等。

　　硫酸纸上色表现如图 5-15 所示。

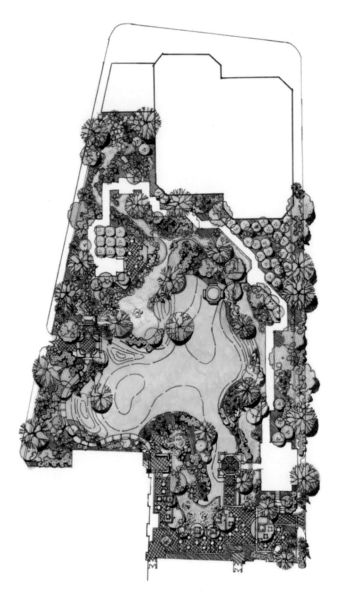

图 5-15　北京香格里拉庭院景观设计硫酸纸上色(闫超　绘)

三、立面、剖面表现

立面图、剖面图表现也就是我们常说的竖向设计,通过竖向设计就可以看出景观设计中各元素之间的高低起伏关系。不仅是在方案阶段会运用手绘表现平立剖面去帮助我们进行设计的推敲,而且在深化扩初设计阶段还会大量运用手绘表现尺寸、材质、结构工艺等细部设计。

很多景观设计公司都用手绘来表现扩初设计,由此也可以看出景观设计行业对景观设计师的要求也越来越高,他们不仅要懂得画透视图,还得懂得设计并表现平面图、立面图、剖面图以及节点工艺断面结构图,需具备综合艺术修养。

剖面图表现如图 5-16 和图 5-17 所示。扩初图表现如图 5-18 和图 5-19 所示。

图 5-16　剖面图表现 1（沃尔特斯设计事务所）

图 5-17　剖面图表现 2（沃尔特斯设计事务所）

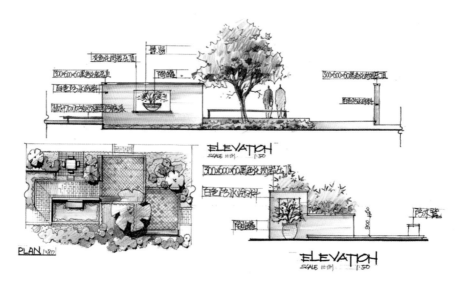

图 5-18　扩初图表现 1（沃尔特斯设计事务所）

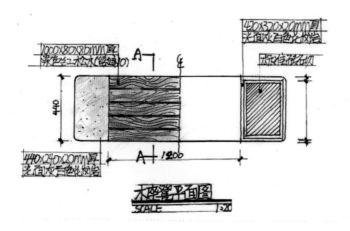

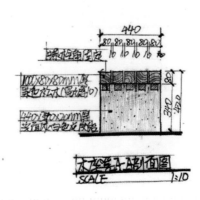

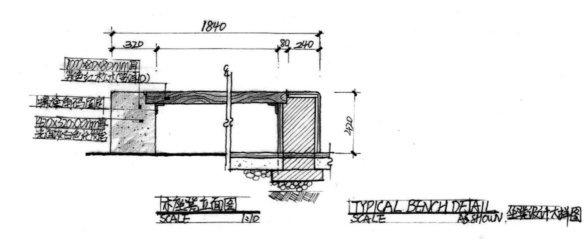

图 5-19　扩初图表现 2（沃尔特斯设计事务所）

绘制剖面图需要注意以下几点：

①了解被剖物体（空间）的结构和层次，确定被剖到的和看到的，并画出内部结构；

②为呈现较好的设计效果，需选好视线方向，竖向层次的内容尽量丰富些，全面细致地展现景观空间；

③注意层次感的营造，剖到的和看到的通过明暗、虚实来体现，并适当添加一些配景，如背景天空、飞鸟和人物；

④剖线一般采用粗实线表示，看线则采用细实线表示。

四、平面图视角的透视表现

作为设计师，我们实地去接触项目方案时，不仅需要进行平立面的推敲，还需要学会从三维空间的角度去表现方案的思考过程，因此，掌握将平面图转化为选定视角下的透视图的技巧，不仅能帮助我们推敲空间、完善方案，而且能够给甲方及时展现设计中的重要空间节点，有效提升项目的沟通效果，有助于甲方更快地敲定方案。（见图 5-20 至图 5-22）

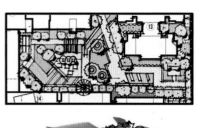

图 5-20　浩天岭都居住区园林景观设计节点透视（缩略平面图中红线指示选定视角）
　　　　（沃尔特斯设计事务所）

图 5-21　别墅庭园景观节点透视（缩略平面图中红线指示选定视角）（闫杰　闫超　绘）

图 5-22　建筑景观节点透视表现(缩略平面图中红线指示选定视角)(闫杰　闫超　绘)

在平面图转透视效果图的时候,需要注意以下几点:

①视角选择需考虑透视图的呈现效果,应尽量将场景空间的景观特色和元素体现出来。

②视距(视点与物体的距离)既不能过大也不能过小,否则画面中的物体会显得太小或太大。另外,透视线的变化也不宜过快(角度越小变化越急促,越大则越缓)。这些都会影响画面表现出来的透视效果。

③当建筑物、画面、视距不变时,视点的高低变化(由视平线的选择与确定决定)会产生仰视、平视、俯视等不同效果,进而直接影响到透视图的表现形式。建筑物或构筑物景观节点效果图以仰视居多,视平线较低,而全景效果图(鸟瞰图)视平线一般情况下较高。

Jingguan yu Shinei Shouhui Sheji Biaoxian

第六章
景观鸟瞰图手绘表现

　　设计行业常以手绘表现鸟瞰图来表达整体景观规划设计,因为鸟瞰图可以清晰地表达出体块与体块的组合关系,为观者提供一个更宏观、更深刻的认识。要绘制出一张好的鸟瞰图,手绘者不仅要有好的绘画功底,更加需要理解尺度关系。从平面图到鸟瞰效果图,手绘者需要把握具体的平面尺寸,使尺寸保持准确。

　　对于初学者来说,平面图转化为鸟瞰图一般采用网格定位法,这种方法能帮助手绘者把握住整体比例和透视关系。初学者会感觉作图速度较慢,熟练之后,网格可省略。景观规划平面图转鸟瞰图的表现步骤如下:

　　步骤一:通过网格定位法将设计场地平面准确放入 4×4 的网格中,定出主体建筑与主干道的位置。设计场地的路网系统,不论呈现何种形态,都是设计表现全过程的支撑,从一开始就要定位清楚。(见图 6-1)

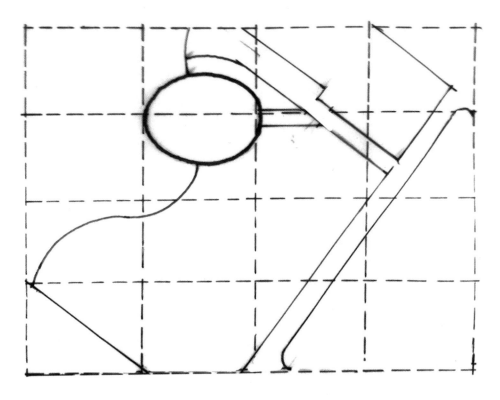

图 6-1　步骤一(闫超　绘)

　　步骤二:将设计场地所要表现的具体空间内容在平面图上刻画出来,注意比例与尺度,包括道路、铺装、园林建筑、植物等景观元素。(见图 6-2)

　　步骤三:将网格顺时针旋转 30°,网格的透视关系要准确,否则会影响到场地及设计内容的表现。掌握透视近大远小的基本原则,找物体相对应的位置点,左、右、下这三个消失点尽量放远一点,使透视图看上去更自然,还原比例更加真实。(见图 6-3)

　　表现鸟瞰图时注意线的粗细关系与整体的虚实对比。建筑轮廓线相对较粗,立面刻画线较细。同时,选取视觉中心进行详细刻画。上色一般要体现大的色彩关系,先大面积铺色,再注意色调区分,依据透视近大远小的规律,将渐变、主次、远近关系表现出来。(见图 6-4)

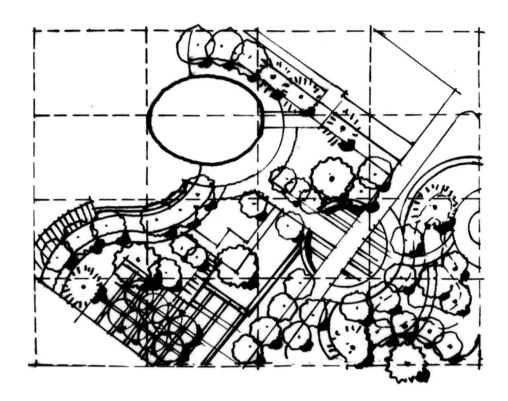

图 6-2　步骤二（闫超　绘）

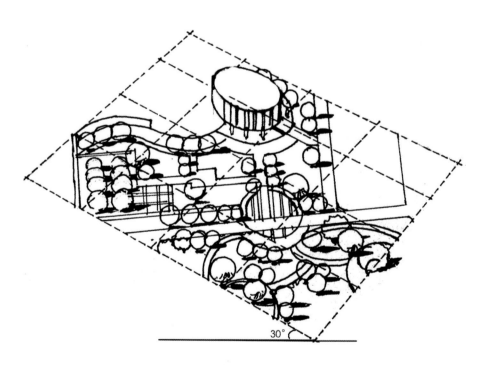

图 6-3　步骤三（闫超　绘）

　　有时候在项目设计过程中,对于较大面积的手绘鸟瞰场景图,我们也可以借助于电脑进行快速上色,这样做不仅高效,而且可以极大地丰富整个画面颜色的层次,同样能较好地表现出空间或地域环境的恢宏。（见图 6-5 至图 6-7）

图 6-4　城市滨水景观鸟瞰图上色表现（闫杰　绘）

图 6-5　富川石林景区鸟瞰手绘线稿表现（沃尔特斯设计事务所）

图 6-6　富川石林景区鸟瞰图电脑上色表现(沃尔特斯设计事务所)

图 6-7　贵州从江大歌之乡小黄侗寨景区手绘鸟瞰图电脑上色表现(沃尔特斯设计事务所)

案例：华夏艺术大观园居住区景观设计

华夏艺术大观园居住区景观设计相关手绘表现如图 6-8 至图 6-10 所示。

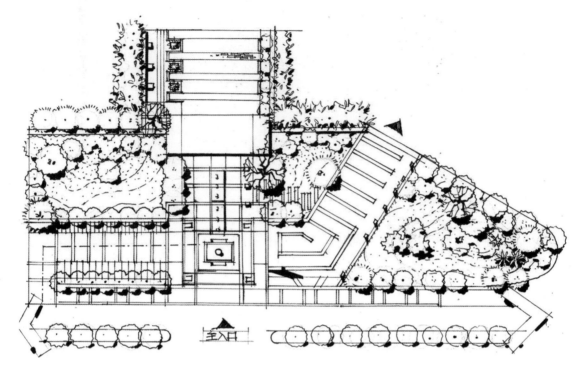

图 6-8　华夏艺术大观园居住区景观设计手绘线稿（沃尔特斯设计事务所）

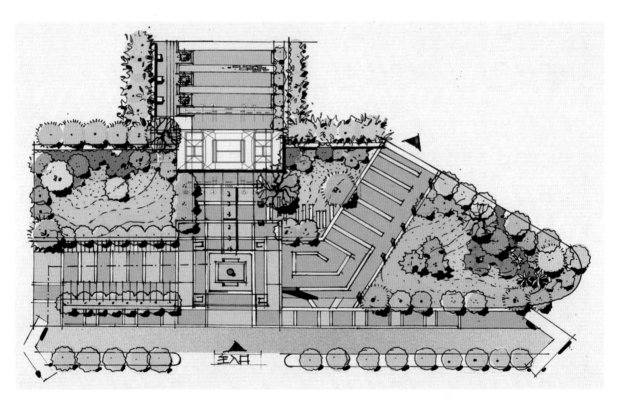

图 6-9　华夏艺术大观园居住区景观设计手绘彩平图（沃尔特斯设计事务所）

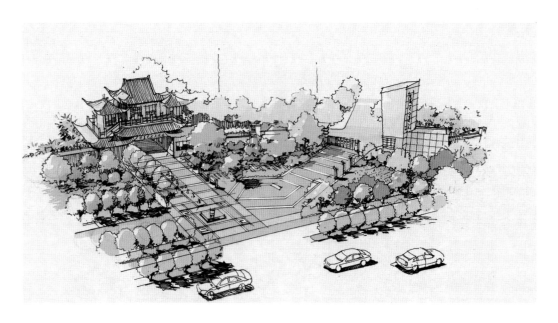

图 6-10　华夏艺术大观园居住区景观设计手绘鸟瞰图（沃尔特斯设计事务所）

Jingguan yu Shinei Shouhui Sheji Biaoxian

第七章
项目设计的手绘表现

手绘能够记录乍现的设计构思,尤其对于专业园林景观设计师来说,灵感和创意有如流星一般稍纵即逝,我们需在其闪现的瞬间以可视化的图形记录下来,如菲利普·斯塔克设计的著名榨汁机"沙利夫"的草图就是他在一家餐馆就餐的过程中偶然勾画出来的。手绘既直观又生动,是方案从构思迈向现实的第一步。许多景观项目的落地,都离不开前期手绘草图的构思,在企业内,主案设计师往往承担着使项目从构思草图到设计草图不断深化的任务,这也是一个项目设计的首要步骤,决定着项目的成败。接下来我们将通过几个景观项目实例去了解手绘表现的重要性。

第一节
庭院住宅景观设计——阳姐别墅花园

1. 项目概述

阳姐别墅位于广西桂林临桂区,该庭院呈不规则几何形,地块分为北面和东面一侧,总面积约 1200 平方米。整个庭院要打造成突出主人的兴趣爱好(简欧风格)以及自然和谐的花园,给人以实用、舒适的感觉。

2. 手绘平面图

阳姐别墅花园景观设计的两个方案如图 7-1 所示。左边方案主要营造自然山水氛围,利用假山叠水、阳光草坪、简欧廊架与休息亭的合理布局,产生移步异景的空间感受,为别墅主人打造一处可休憩、可游玩的恬适庭院景观。右边方案主要营造田园风格的庭院景观,利用大面积的阳光草坪、特色景墙等与休憩凉亭有机融合,为别墅主人带来"出门是田园,四季皆风景"的感受。

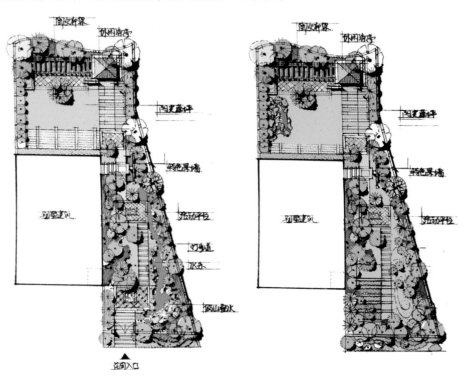

图 7-1　阳姐别墅花园景观设计的两个方案(沃尔特斯设计事务所)

第二节
异域文化公园景观设计——缅甸苑

1. 项目概述

该项目作为一个异域风格的文化公园,主要突出展现具有缅甸风情特色的文化景观和建筑风貌,以及文化节庆活动体验等项目,利用景观设计手法串联起来,打造一处可赏、可游、可参与体验的文化苑。

2. 手绘平面草图

手绘平面草图如图 7-2 所示。

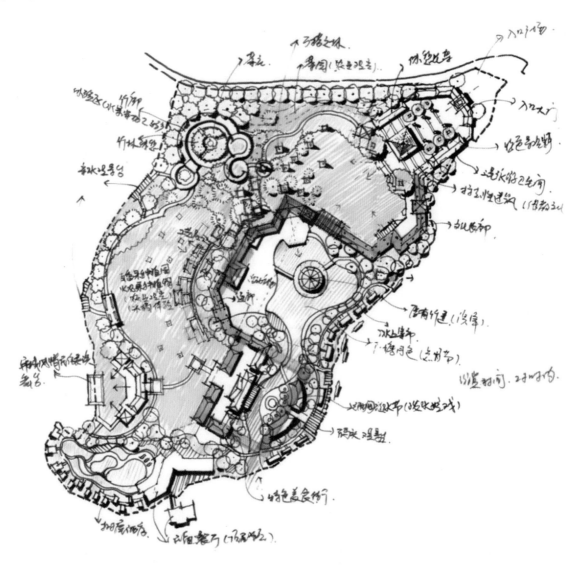

图 7-2　手绘平面草图(沃尔特斯设计事务所)

3.平面扩初图

平面扩初图如图 7-3 所示。

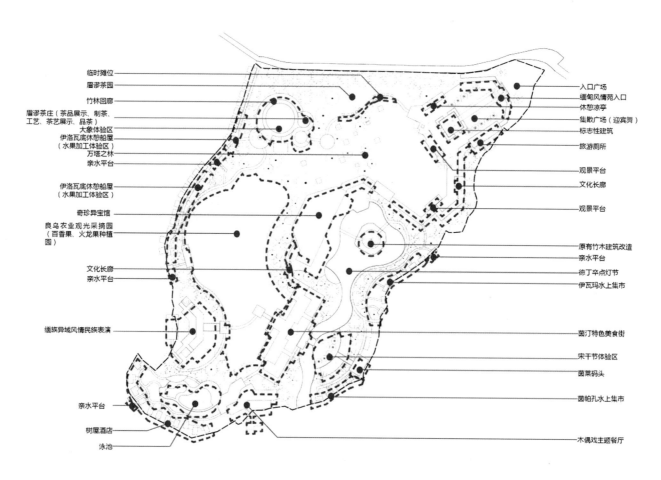

图 7-3　平面扩初图（沃尔特斯设计事务所）

第三节

文旅景观规划设计——富川神剑石林景区

1.项目概述

项目以打造瑶族发祥地亮点为概念及设计宗旨,通过结合地方的三圣文化资源,让富川神剑石林景区成为犹如世外桃源、人间仙境的文化旅游度假区。

2.手绘平面草图

手绘平面草图如图 7-4 所示。

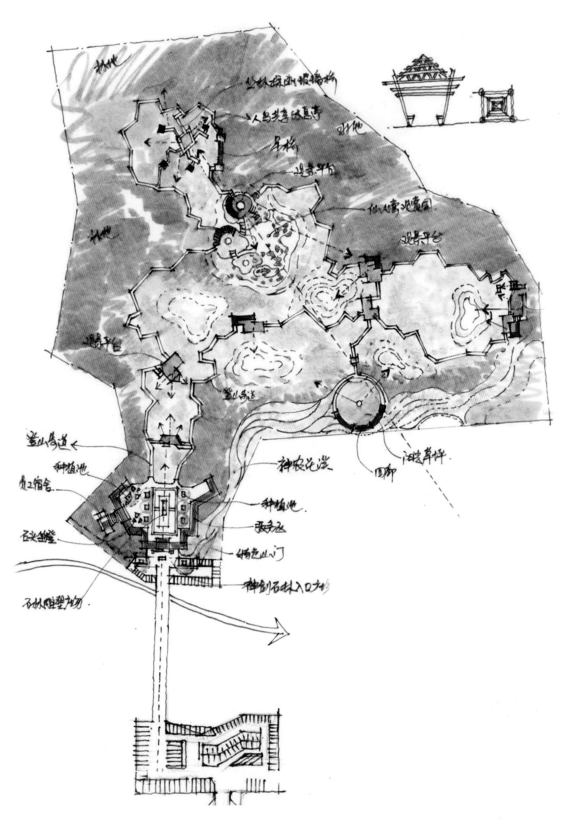

图 7-4　富川神剑石林景区手绘平面草图（沃尔特斯设计事务所）

3. 平面索引图

平面索引图即总平面图,如图 7-5 所示。

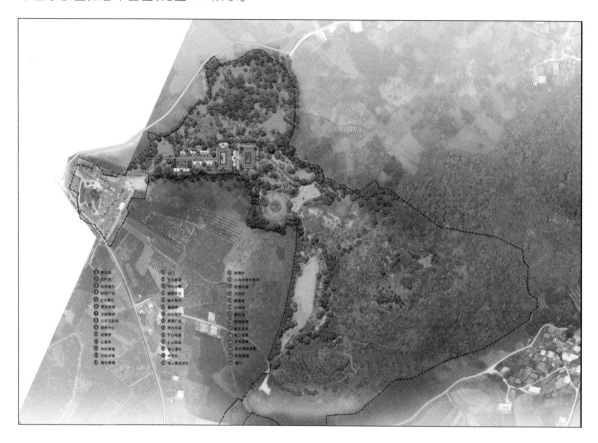

图 7-5　总平面图(沃尔特斯设计事务所)

4. 手绘效果图

手绘效果图如图 7-6 所示。

图 7-6　手绘效果图(沃尔特斯设计事务所)

第四节
民俗文化旅游景观规划设计——桂林侗情水庄景区

1. 项目概述

项目以彰显广西侗族文化特色为核心,融合广西各民族文化,打造集文化展示、文化体验、休闲娱乐、商品购物、酒店餐饮、养生度假、生态观光为一体的侗寨民俗文化旅游景区,通过景观强调侗寨的文化性、生态性和主题娱乐性功能,使其成为独树一帜的侗族文化主题旅游目的地。

2. 手绘平面草图

手绘平面草图如图 7-7 所示。

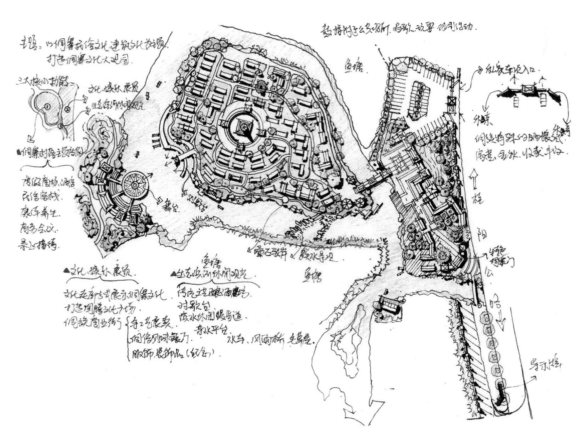

图 7-7　桂林侗情水庄景区手绘平面草图(沃尔特斯设计事务所)

3. 平面索引图

平面索引图即总平面图,如图 7-8 所示。

4. 节点效果图

节点效果图——风雨桥俯视图如图 7-9 所示。

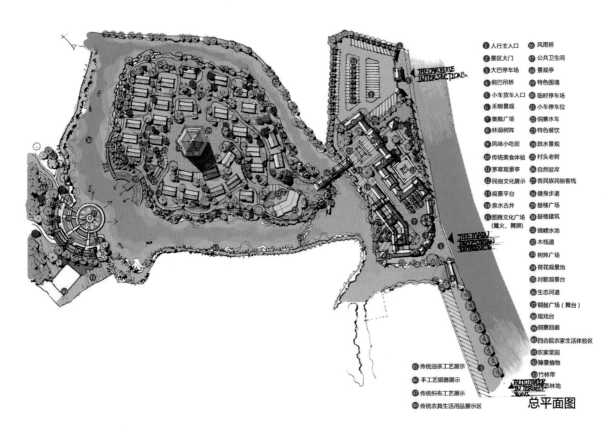

图 7-8　手绘总平面图(沃尔特斯设计事务所)

图 7-9　手绘节点效果图硫酸纸上色表现(沃尔特斯设计事务所)

Jingguan yu Shinei Shouhui Sheji Biaoxian

第八章
国外经典案例抄绘分析

对于大多数设计经验不足的在校大学生而言,掌握了正确的方式和要点后,抄绘优秀景观项目的彩面图便成为一种提升专业设计能力的训练方法,能优化与提高对不同性质项目的形态设计能力与水平以及把握整体尺度的能力,更能在抄绘过程中锻炼逻辑思维能力,包括对空间结构、空间布局、竖向设计、视线组织等的思考。同时,抄绘也是学习优秀设计案例的有效方式之一,可以提升快题设计水平。

下面将选取国外优秀平面图案例展开抄绘分析,涉及三种景观类型。

第一节
居住绿地——圣保罗入口庭院

圣保罗入口庭院项目设计的主体是一个融当代空间设计于巴西热带风光之中的庭院,精致小巧且私密。院子以水景为中心,四周环以粗壮浓郁的热带植物和线条利落的建筑元素。庭院约有 450 平方米,是一个既可满足互动娱乐需求也可供沉思冥想之所。该庭院中所使用的所有灌木和地被都是本土原生物种,庭院中也充分利用了雨水收集系统,将收集到的雨水集中到净水池中,并使用 LED 照明以降低能耗。场地平面图如图 8-1 所示。

注:该项目获2017年ASLA通用设计类荣誉奖

图 8-1　场地平面图(图片来自网络)

抄绘要点:

①庭院景观的水池处理:不是单调的矩形水池,而是加入了小石块的元素,由大小、高低不一的方形踏步石组成。

②种植设计:在水池的石块里混入了种植池,使乔木立于水中,层次错落,极具观赏价值与趣味性,形成

水中植物浮岛。

　　③几何简约设计值得学习,母体几何形状的重复利用(如美国景观设计大师彼得·沃克所推崇的那样,案例中重复使用正方形)给整个构图一种统一感与现代感。

　　手绘平面线稿如图 8-2 所示。

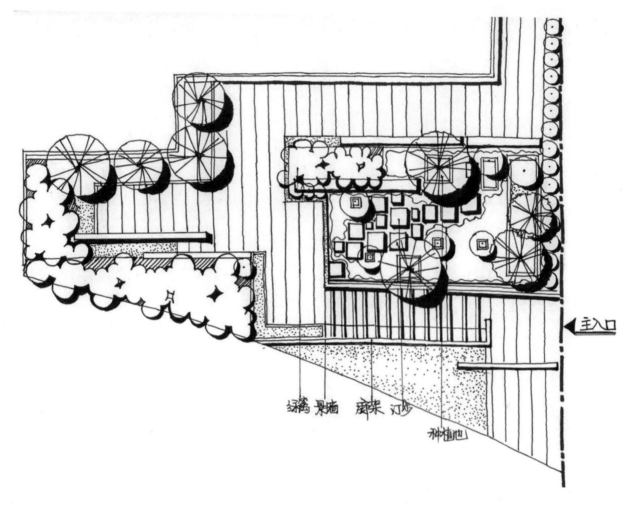

图 8-2　手绘平面线稿(闫超　绘)

第二节
城市广场——国外某城市商业广场

国外某城市商业广场场地平面图如图 8-3 所示。

抄绘要点:

①形式语言的穿插:利用大直线去划分场地,结合场地的设计内容,让稳定中富有变化。

②高差的处理策略:利用台阶、坡道、挡土墙,解决场地中的高差问题。

③广场空间氛围的营造:高硬质率、高开敞性以及适当的绿化遮阴都营造出极具吸引力的广场氛围。

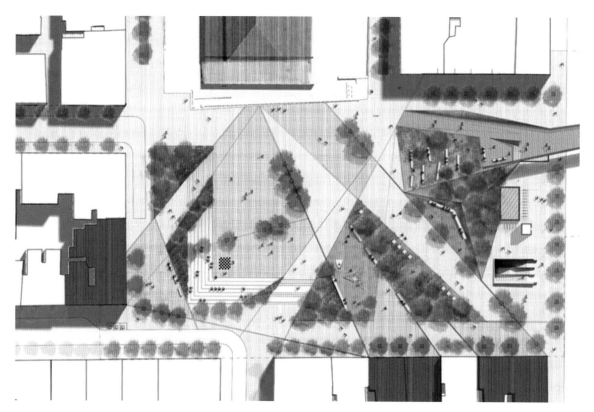

图 8-3　场地平面图（图片来自网络）

国外某城市商业广场手绘平面图如图 8-4 所示。

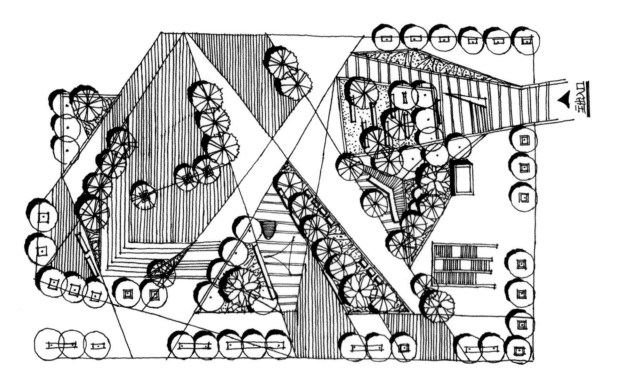

图 8-4　手绘平面图 1（闫超　绘）

第三节

校园绿地——悉尼科技大学公共绿地

悉尼科技大学位于悉尼市中心,项目中的区域被现代化建筑包围,是一个充满钢筋混凝土"气味"的城市空间。绿地缺乏使得这所大学的学生、工作人员和广大民众社交和放松的自然空间非常有限。项目希望将生硬的空间改造成为一个公共绿地空间,成为服务悉尼科技大学和周边社区的社交活动空间,塑造出一个重要的连通空间——"黏性校园"。项目平面图如图 8-5 所示。

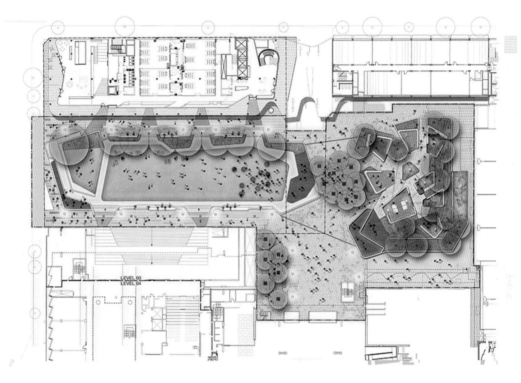

图 8-5　项目平面图(图片来自网络)

抄绘要点:

①三个空间疏密有致、形式统一:大空间中心绿地形成半开敞空间,小空间中心广场形成开敞空间,中空间惬意花园形成私密空间。

②娱乐交流空间:利用多种植物与座椅结合的方式,创造出集观赏、休息活动于一体的空间。

③空间停留的慢行体验:用心创造空间形态,让人体验慢行、享受生活。

悉尼科技大学公共绿地手绘平面图如图 8-6 所示。

总之,抄绘的过程就是在掌握手绘基本表现技法的基础上,让图片从 PS 到手绘"变身"。我们在抄绘过程中,应对项目设计进行重新解读,使自己对每个项目案例的设计(包括细部设计)有更加深刻的认识,便于后期方案设计课程的学习。抄绘可以大体分为以下几个步骤:

①根据面积确定比例,定网格(这一点和画鸟瞰图类似);

②进行路网的布置;

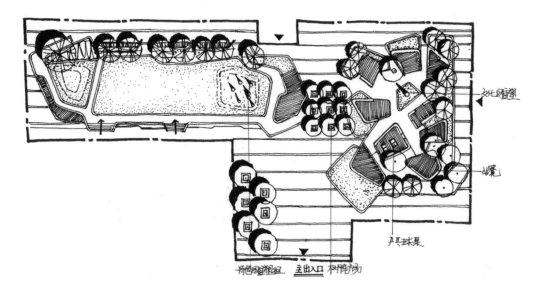

图 8-6 手绘平面图 2（闫超 绘）

③抄绘功能空间的轮廓到功能空间的细化；

④表现植物的种植，先画行道树，再画节点及其他；

⑤标注图名、比例尺，添加周边指示、索引等信息。

Jingguan yu Shinei Shouhui Sheji Biaoxian

第九章
室内外优秀手绘作品赏析

第一节
室 内 篇

一、线稿创作

室内空间线稿创作作品如图 9-1 至图 9-5 所示。

图 9-1　SPA 会所效果图（闫杰　绘）

图 9-2　家装空间客厅效果图（闫杰　绘）

图 9-3　酒店大堂空间效果图(闫杰　绘)

图 9-4　中式餐厅效果图(闫杰　绘)

图 9-5　书房效果图（闫杰　绘）

注：由于篇幅有限，这里只展示部分手绘作品，其他作品参见电子资料。

二、马克笔创作

室内空间马克笔创作作品如图 9-6 至图 9-9 所示。

图 9-6　酒店空间效果图（闫杰　绘）

图 9-7 　新中式家装空间效果图(闫杰　绘)

图 9-8 　餐厅空间效果图(闫杰　绘)

图 9-9 　中式餐厅空间效果图(闫杰　绘)

注:由于篇幅有限,这里只展示部分手绘作品,其他作品参见电子资料。

第二节
室　外　篇

一、线稿创作

室外空间线稿创作作品如图 9-10 至图 9-13 所示。

图 9-10　商业广场空间效果图（闫杰　绘）

图 9-11　新中式建筑景观空间效果图（闫杰　绘）

图 9-12   假日酒店公共休闲空间效果图 1(闫杰   绘)

图 9-13   假日酒店公共休闲空间效果图 2(闫杰   绘)

注:由于篇幅有限,这里只展示部分手绘作品,其他作品参见电子资料。

二、马克笔创作

室外空间马克笔创作作品如图 9-14 至图 9-21 所示。

图 9-14　流水别墅雪景效果图(闫杰　绘)

图 9-15　度假村滨水建筑月夜效果图(闫杰　绘)

图 9-16　建筑景墙流水效果图（闫杰　绘）

图 9-17　公园石头水景效果图（闫杰　绘）

图 9-18　商业购物中心广场建筑景观效果图（闫杰　绘）

图 9-19　海岛度假村景观效果图（闫杰　绘）

图 9-20　山地建筑景观效果图（胡华中　绘）

图 9-21　园林建筑冬景效果图（闫杰　绘）

注：由于篇幅有限，这里只展示部分手绘作品，其他作品参见电子资料。

三、校园景观创作

　　贺州学院(Hezhou University)位于中国广西贺州市,下文中选取了几处学校代表性的景观,比如荷花池、图书馆、北苑食府、逸夫楼、校园入口等场景,通过手绘的方式展现出校园风光,如图 9-22 至图 9-26 所示。

图 9-22　校园荷花池景观效果图(闫杰　闫超　绘)

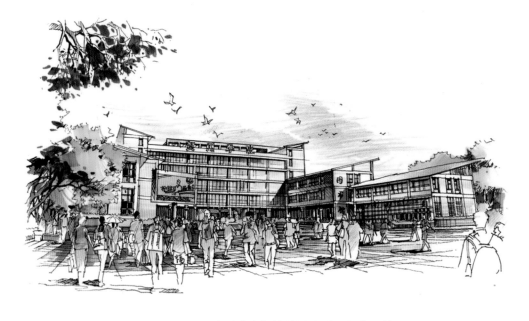

图 9-23　校园图书馆外广场效果图(闫杰　闫超　绘)

图 9-24　校园大门（主入口）效果图（闫杰　闫超　绘）

图 9-25　北苑食府效果图（闫杰　闫超　绘）

图 9-26　校园次入口效果图（闫杰　闫超　绘）

第三节
写 生 篇

一、风景写生

　　风景写生一般指的是利用各种工具,如蜡笔、水彩、钢笔、水粉、马克笔、炭笔、铅笔等,去表现看到的和体会到的东西,是最能体现出绘画者美术素养的基本功。张东曾在《用手绘思考》中说道:"手绘是观察世界的方法。"手绘写生是设计者或绘画者在客观存在的事物的基础上的自我创作过程,通过借助空间透视法则、构图原则、线条运用等去表现场地的景、物、光、影以及氛围或感觉,强调更加直观的现场把握能力。所以,对于我们初学者或从业者来说,写生不仅训练我们对环境空间塑造的表达能力,而且也培养锻炼我们对于形象思维的整合能力,是增强手绘设计实践的一种有效途径。

　　我们经常会选择在古街(广西桂林阳朔西街)、古镇(广西桂林大圩古镇)、少数民族村寨(贵州的千户苗寨)、古村落(广西海洋银杏村)、城市特色街道(广西北海合浦老街)、街区(广西桂林西城步行街)等场所进行手绘写生创作,因为这些地方汇集了中国特色的建筑风貌、人文风情和自然风光,最能够表达设计从业者或艺术家感性的创作思维,让观者可以从一幅幅作品中洞察画面背后的故事与情感。(见图9-27至图9-35)

图9-27　贵州西江(胡华中　绘)

图 9-28　贵州西江千户苗寨（闫杰　绘）

图 9-29　桂林正阳步行街（闫杰　绘）

图 9-30　广西北海合浦骑楼老街（闫杰　绘）

图 9-31　桂林大圩古镇（闫杰　绘）

图 9-32　安徽宏村（闫杰　绘）

图 9-33　安徽西递（闫杰　绘）

图 9-34　贵州千户苗寨鸟瞰（闫杰　绘）

图 9-35　广西海洋银杏村（闫杰　绘）

注：由于篇幅有限，这里只展示部分手绘作品，其他作品参见电子资料。

二、室内照片写生

照片写生是在掌握手绘基本技法后进一步提升手绘表现的一种手段和方式,它更加注重对画面的整体把握能力,是指对画面视觉中心、空间透视与结构、光源因素、材质肌理等方面进行把握,然后通过线条自由地表现出来。图 9-36 所示的是施耐德洛(Snaidero)设计的 MATERIA 系列集成厨房,这位设计师专注于纯粹的线条和可快速清洁的设计,柜面选择意大利尖端技术制造的层压陶瓷板,体现极简主义的设计美学。所以,手绘写生上要突出橱柜家具形体(转折)的流畅感,根据光源位置(左上方)将空间的亮部、灰部和暗部刻画出来,注意排线的虚实结合。对应的手绘写生如图 9-37 所示。

图 9-36　MATERIA 系列集成厨房(图片来源:网络图库)

在接下来的马克笔上色过程中,我们需进一步对画面的整体色调、风格进行提炼,归纳出主色系和配色系,选用合适的马克笔和彩铅还原厨房空间设计的色彩搭配。我们可以看到,这张效果图(见图 9-36)主要为冷色调,整体偏灰色调,所以在马克笔颜色的选择搭配上也要符合统一性原则。另外,在表现室外植物景观时勿选用过于跳跃的暖绿色,需保证空间主体物在整个画面中的视线焦点。马克笔上色表现如图 9-38 所示。

图 9-37　室内厨房空间手绘写生表现（闫超　绘）

图 9-38　室内厨房空间马克笔上色表现（闫杰　绘）

[1] 白廷义,黄春梅,唐娜仁.景观设计手绘表现[M].上海:上海交通大学出版社,2016.

[2] 庐山艺术特训营教研组.景观设计手绘表现[M].沈阳:辽宁科学技术出版社,2016.

[3] 黄艺,等.景观设计概念构思与过程表达[M].北京:机械工业出版社,2013.

[4] 闫杰.现代景观设计手绘表现[M].武汉:华中科技大学出版社,2013.

本书到这里就接近尾声了，作为我参与编写的第一本手绘教材，它承载了太多的东西——从我第一次接触专业手绘的学习，到我在一步步的摸索与总结当中编写了如今这本系统的手绘书。书中写到了我对于手绘学习的理解，希望可以让读者在作为工具书使用这本书的同时感受到手绘设计带来的力量。

我从在企业内做设计到读研，再到成为一名高校教师，对手绘的理解变得更全面了。学生时代学习手绘也许是为了课业与考试。刚毕业时，由于工作岗位的特殊性，用到手绘的地方很少，我感觉那种每天专注于画画的时间离自己越来越远。后来，我成为一名环境艺术设计专业的教师，为了更好地呈现课程效果、拓宽学生的眼界，我慢慢开始对国内外设计公司和事务所的作品广泛涉猎，尤其是看到，很多国外设计大师的作品背后其实都保存着珍贵的手稿作品，我便愈发理解了手绘对设计的重要性，希望能够出版一本适合学生使用的手绘教材或工具书，让他们从基础到技能都能掌握，并能爱上手绘。另外，我在平日的手绘教学过程中也了解了诸多学生在手绘学习过程中的困难之处，这对于这本书的编写也起到了至关重要的作用。我希望这本书能对他们学习手绘、学习设计过程有参考价值。同时，为了更好地帮助学生实现线下自学，我们在一些章节的关键知识点的技能掌握上配备了更为直观的线上视频讲学，希望能帮助学生更好地掌握相关技法，也因此，我们将这本书作为一本立体化教材出版。

对于学习环艺设计的绝大多数学生来说，未来他们都有可能成为真正的室内设计师或者景观设计师，而加强手绘的学习可以辅助设计，帮助他们思考，而非单纯地使他们画得更好看。在历时近十个月的书稿编写过程中，我翻看了诸多手绘培训机构的风格图，其中很大一部分的手绘稿对于初学者而言并不具有适用性。后来，我在教学过程中吸收总结了更适合初学手绘的学生掌握的手绘表现技法，并将其编写入本书。书中的一大部分图纸来自对我有启蒙意义的老师——闫杰老师的手绘原稿，也有少量作品来自胡华中老师和刘美英老师，设计项目部分的图纸主要由沃尔特斯环境艺术设计有限公司提供，书中的其他一些图纸由我和闫杰老师合作完成。

与一般手绘快题和手绘教材不同的是，本书在中间偏后部分，将前期涉及的手绘草图内容在具体企业项目案例中体现了出来，让学生可以清晰地认识到手绘技能对项目设计的意义，并从图纸中学习设计师的创作思路。另外，在本书第八章还加入了一个板块，即国外经典案例抄绘分析，这部分内容能够帮助学生从设计思维的角度分析案例，为项目设计奠定基础，尤其是对进一步学习"环艺方案设计"和"环艺综合实训"课程将起到引鉴作用。

后面我也希望能出版一本集合概念思路的景观书籍灵感手册，我想这对我将是一个尝试与挑战。我是个十分热爱拍照也喜欢被拍照的人，我旅行时走到哪里都要带着相机——大自然五彩纷呈，只要用心发现，就能在环境中感受美——当我需要灵感的时候,过去的照片总能给我可靠的提示,这让我喜出望外,也提醒我,作为一名高校设计专业任课教师,同样需要时刻体验生活、捕捉灵感。

　　这本书最终能按照想法完成,我十分开心。最后,谢谢所有关心、帮助我的老师和同事们,同时也非常感谢我研究生期间在台湾交流学习时遇见的李麗雪老师和艾利克斯老师,感谢他们为本书撰写的序言。

闫　超